KB169917

흔들리는 부모
힘겨운 아이

이임숙 지음

흔들리는 부모
힘겨운 아이

카시오페아
Cassiopeia

오늘도 흔들리며
불안한 엄마 아빠들에게

"이럴 때 이렇게 하세요."라는 말, 귀에 딱지가 앉도록 들었지요. 그런데도 아이 앞에만 서면 어쩔 줄 몰라 오늘도 엄마 아빠는 흔들립니다. 소중한 우리 아이에게 어떻게 해야 좋을지, 하고 나서도 제대로 한 건지, 혹시 내가 부족해 우리 아이를 잘못 키우고 있는 건 아닌지 걱정되고 불안합니다. 그저 오늘 생긴 문제를 임시변통하고 땜질하는 육아로 지치고 소진됩니다. 아이에 대한 너무 큰 사랑 때문에, 오히려 그 큰 사랑에 짓눌려 불안하기 그지없습니다.

　아이는 어떨까요? 최고의 사랑을 주던 엄마 아빠가 갑자기 불같이 화를 내면 아이는 불안해집니다. 마음이 무겁고 힘겨운 아이는 점점 성격이 변해가지요. 안타깝게도 부모의 작은 흔들림이 아이에게는 뿌리가 송두리째 흔들리는 폭풍이 되기도 합니다. 탄탄한 심리적 뿌리를 뻗어가는 것이 아니라, 상처받고 병든 잔뿌리가 생겨 결국엔 깊은 병을 만들기도 하지요. 작은 문제 행동으로 상담을 시작했지만, 진행하면 할수록 그 심리적 상처가 너무 깊어 치료 과정이 오래 걸리는 아이들이 너무 많습니다. 아이가 자라는 과정이 이렇게 힘겨우면 안 되겠지요.

부모가 아이를 키우면서 흔들리는 이유는 크게 3가지입니다. 첫 번째는 부모가 된 자신도 혼란스러운 육아 과정을 거치며 자랐기 때문입니다. 우리는 부모님께 따뜻한 말과 일관성 있는 육아를 받지 못했습니다. 그럼에도 불구하고 아이에게는 자신이 들어보지 못한 공감과 위로의 말을 해야 하고, 받아보지 못한 많은 것을 챙겨야 하는 상황이지요.

두 번째는 상상할 수 없을 정도로 정보가 넘쳐나기 때문입니다. 아이가 안 먹을 때는 어떻게 해야 하는지, 아이 공부는 언제 시작하면 좋은지, 훈육할 때는 어떻게 해야 하는지 궁금할 때마다 맘카페에 검색하고 영상을 찾아보고, 모임 엄마에게 물어보고 육아서를 뒤적입니다. 그런데 그 지침들이 모두 동일하지 않으니, 부모는 너무 많은 정보들 사이에서 오히려 나아갈 방향을 잃어버리기 쉽습니다.

세 번째, 부모가 흔들리는 이유는 역설적이게도 아이를 사랑하고 잘되기 바라는 마음이 너무 크기 때문입니다. 그래서 우리 아이에게 맞는지 생각하기보다, 남들이 좋다는 것은 모두 해주려다 어느 순간 길을 잃고 혼란스러워지게 됩니다.

이런 과정에서 부모는 자신도 모르게 아이에게 상처를 주고, 그 상처가 부메랑이 되어 고스란히 부모에게 돌아옵니다. 게다가 힘겨운 사회적 상황은 아이 키우는 일을 더욱 어렵게 합니다.

그렇다고 너무 자책하지 마세요. 누구라도 상처를 주지 않는 육아는 불가능하고, 부모는 오늘도 흔들릴 수밖에 없습니다.

그리고, 너무 큰 걱정도 하지 마세요. 다시 행복한 육아로 이끌어줄 나비 효과 같은 심리적 법칙들이 있습니다. 오늘 하루, 부모의 따뜻하고 선선한, 기분 좋은 날갯짓이 우리 아이의 삶의 여정을 다르게 합니다.

우리가 꼭 기억해야 할 것은, 흔들릴 때 부모의 선택에 따라 아이의 커가는 모습이 극과 극으로 달라진다는 사실입니다. 나무 한 그루를 키울 때, 물과 바람과 햇빛이 너무 적어도, 너무 많아도 나무는 병이 들지요. 적절한 일조량과 물과 바람의 조화가 아름드리 거목으로 성장하게 합니다. 그것이 키움과 성장의 법칙입니다.

아이를 키우며 흔들리는 순간마다 부모의 중심을 잡아주는 건 바로 기본적인 법칙입니다. 학자들과 육아 전문가, 그리고 아이를 잘 키운 선배들이 모두 입을 모아 말하는 육아의 법칙이 있습니다. 때로는 고리타분하게 들릴 수도 있고, 어쩌면 꼰대같이 느껴질 수도 있겠지요. 하지만 정말 지혜롭고 현명한 부모라면 귀를 간지럽

히는 자극과 유혹에 흔들리지 않고, 다시 육아의 진리인 기본 법칙을 돌아볼 수 있습니다.

몸이 아픈 아이를 치료 법칙에 따라 돌보듯, 마음의 성장에도 흔들리는 순간 부모가 꼭 알아야 할 기본 법칙들이 있습니다. 당장 급한 불 끄는 심정으로 윽박지르고 힘을 사용하거나, 보상물로 꼬드기는 변칙을 사용하면 결국엔 그로 인한 부작용으로 아이의 심리적 뿌리는 문제가 생길 수밖에 없지요.

부모는 얼마든지 흔들릴 수 있습니다. 중요한 건, 그때마다 중심을 잡고 기본적인 법칙을 기반으로 아이 키우는 올바른 방향을 잡아가는 것입니다. 우리 아이의 자존감의 뿌리, 자기효능감의 뿌리가 건강하게 자랄 수 있도록 하는 기본 법칙들을 흔들릴 때마다 꺼내 보면서 부모의 중심을 잡아가면 좋겠습니다. 가장 기본적인 법칙만 잘 따라도 부모와 아이가 모두 행복하고 건강하게 성장하는 육아가 될 수 있습니다.

육아의 기본 법칙을 알아야 하는 또 다른 이유가 있습니다. 0~10세까지 이 시기가 아이의 평생을 좌우하는 '결정적 시기'이기 때문입니다. 생후 약 10년의 유년기 동안 아이의 심리적 방향이 결정됩니다. 이 시기에 자신과 세상에 대한 불안이 커진다면 자존감도 사회성도 잘 발달하기 어렵습니다. 사회적 규칙과 도덕적 판단이 흐려져 자신도 모르게 선을 넘는 행동이 습관이 됩니다. 한마디로 정서와 인지의 균형 발달에 균열이 생겨 건강한 삶을 꾸려가기가 쉽지 않지요. 그래서 더더욱 부모는 육아의 법칙을 중심 삼아 흔들리지 않고, 때로 흔들려도 다시 기본으로 돌아가 우리 아이를 잘 키워가야 합니다.

아이 잘 키우는 육아의 기본 법칙 7가지입니다.

아이를 타고난 기질에 맞게 키우는 기질의 법칙, 기적 같은 변화를 가져오는 말의 법칙, 심신 건강의 필수 요소인 놀이의 법칙, 따뜻하고 단단한 훈육의 법칙, 인지적 재미로 아이 스스로 공부하게 만드는 공부의 법칙, 아이의 공부력을 좌우할 메타인지의 법칙, 어떤 문제든 해결에 탄탄한 기본이 되어준 자존감의 법칙입니다.

아무리 변화된 세상이지만, 새로운 알파 세대, 디지털 세대의 아이들이라고 하지만, 인간의 성장 욕구와 잘 키우는 법칙에는 변함이 없습니다. 부디 어두운 밤하늘에서 북극성을 보며 길을 찾듯, 육아의 법칙으로 부모와 아이 모두가 행복하게 성장하길 진심으로 바랍니다.

2020 가을에 이임숙 씀

차례

· 프롤로그 · 오늘도 흔들리며 불안한 엄마 아빠들에게 · 05

1교시 기질_타고난 기질은 최고의 강점이다

내 아이의 기질을 파악하자 · 15
기질을 알아야 잘 키울 수 있다 · 22
기질의 4가지 요소 · 26
기질에 맞게 키우는 법 · 37

2교시 대화_말이 달라지면 기적 같은 변화가 생긴다

아이를 키우며 가장 힘든 것 · 57
아이를 성장시키는 부모의 말 · 63
아이를 변화시키는 부모의 전문용어 · 70
세상이 다 변해도 변하지 않을 소통의 원칙 · 75
올바른 대화는 관계 나무를 튼튼하게 키운다 · 82

3교시 놀이_하루 2시간 신나게 놀아야 몸과 마음이 건강해진다

놀이가 즐겁지 않은 이유 · 89
부모가 놀아주기 힘든 이유 · 95
아이에게 어떤 놀이가 필요할까 · 98
놀면서 배우고, 배우면서 신나게 노는 아이 · 102
어떤 놀이를 어떻게 놀아야 할까 · 109
정서 놀이와 인지 놀이는 환상의 짝꿍 · 114
제대로 못 논 아이의 결핍 · 122

4교시 훈육_따뜻하고 단단한 훈육이 성숙한 사람으로 자라게 한다

부모 마음이 가장 아플 때 · 127
효과적인 훈육의 원칙 · 130
부모의 따뜻함이란 무엇일까 · 136
따뜻하고 단단한 훈육이 필요하다 · 142
깨달음의 훈육이 아이를 달라지게 한다 · 151
과연 우리 아이가 달라질 수 있을까 · 162

5교시 공부_배우는 재미가 스스로 공부하게 한다

공부에 몰입하는 아이 vs 짜증 내는 아이 · 167
공부 흥미를 기르는 건 '재미' · 176
공부가 즐거워지는 인지적 재미를 계발하라 · 181
인지적 재미를 키우는 방법 5가지 · 185
심심하고 지루해서 게임에 빠져드는 아이 · 196

6교시 메타인지_메타인지 능력이 아이의 공부력을 좌우한다

리더형 능력, 메타인지 능력 · 211
전교 1등의 비밀, 메타인지 · 217
메타인지 능력, 얼마든지 키울 수 있다 · 224
상위 0.1%의 학습 전략 비법 · 232
메타인지 전략을 키우는 3단계 질문법 · 248

7교시 자존감_기본이 탄탄하면 자존감은 저절로 높아진다

아이의 자존감과 사회성 · 259
스스로 자존감을 키우는 아이 · 263
친구들과 놀지 못하는 아이 · 271
우리 아이 사회성 키우기 · 277
기본 원칙으로 돌아가자 · 284

· 에필로그 · 부모, 자기 돌봄의 법칙 · 290

1교시

·
·

기질

타고난 기질은
최고의 강점이다

내 아이의
기질을 파악하자

다음 상황에서 우리 아이는 어떤 모습을 보일지 한번 짐작해보자.

• 상황1 •

아이 친구가 아이에게 "너랑 안 놀 거야."라고 말한다. 우리 아이는 어떤 감정을 느끼고 어떻게 생각하고 그래서 어떤 말과 행동으로 대응할까?

① "나도 너랑 안 놀 거야."라고 소리치고 가버린다.

② 화가 나서 그 친구를 꼬집거나 때린다.

③ 아무 말도 못 하고 풀이 죽어 구석으로 가서 혼자 멍하니 앉아 있는다.

④ 선생님께 달려가서 울먹이며 "친구가 나랑 안 논다고 했어요." 라고 말한다.

⑤ "그래? 알았어."라고 말하고 다른 친구에게 가서 "나랑 놀자."라고
   말한다.
⑥ 집으로 돌아오자마자 엄마에게 매달려 "친구가 나랑 평생 안 놀
   면 어떡해?"라며 서럽게 운다.

· 상황2 ·

선생님이 잠깐 교실을 비운 사이, 한 아이가 이상한 로봇 소리를 내
며 친구 등을 한 대씩 툭툭 치고 다닌다. 세게 치진 않아 싸움이 나지
는 않는다. 그 아이가 점점 우리 아이에게로 다가오고 있다. 이때 우
리 아이는 어떻게 대응할까?
① 피해서 다른 자리로 옮긴다.
② 오히려 신나서 먼저 다가가 똑같이 따라 한다.
③ 도망가면서 선생님을 찾아 친구가 괴롭힌다고 말씀드린다.
④ 다른 친구들에게 도움을 청해서 다 같이 "하지 마!"라고 소리친다.
⑤ 자신을 치면 "왜 때려!"라고 소리치며 그 친구를 세게 때린다.

· 상황3 ·

유치원 영역별 놀이 시간. 각 영역마다 놀고 싶은 아이들은 이름표를
걸어두고 그 영역에 들어가서 놀 수 있다. 제한 인원은 4명이다. 우리
아이가 원하는 블록 놀이 영역에 이미 4명이 다 차 있다. 이럴 때 우

① 앞에 서서 누군가 나올 때까지 기다린다.

② 한 명을 가리키며 "넌 오래 놀았으니까 이제 그만하고 나와."라고 요구한다.

③ "친구들이 나만 안 끼워줘요."라며 선생님께 이른다.

④ 규칙에 상관없이 그냥 들어가서 자리를 차지하고 앉는다.

⑤ 친구 이름표를 빼고 "넌 이름표 없으니까 나가."라고 억지를 부린다.

⑥ 다른 놀이를 하며 지켜보다 자리가 비면 들어간다.

우리 아이가 각 질문의 상황에서 어떤 모습을 보일지 짐작이 될 것이다. 그렇게 짐작되는 모습이 부모 마음에 드는지 한번 생각해보자. 혹시, 마음에 안 든다면 어떤 행동을 선택하기를 바라는지도 생각해보자. 예측되는 아이의 행동이 마음에 들지 않는 부모는 아이에게 현재의 행동을 짚어 그렇게 하지 말고 다른 방법으로 하라고 설명하거나 가르칠 것이다. 바로 이 지점에서 우리는 한번 멈추고 생각해보아야 한다.

왜 우리 아이는 그런 행동을 했을까? 아직 배우지 못해서 그런 걸까? 심리적 상처가 있거나 뭔가 억울하고 화가 많아서 그런 걸까? 아니면 아이의 성격 때문에 그런 걸까? 그 원인이 헷갈린다면,

이제 이것이 아이의 타고난 기질은 아닌지 생각해보자.

어릴 적부터 늘 그랬어요

"우리 아이는 어릴 적부터 조금만 신이 나면 흥분해서 진정하질 못했어요. 그냥 풍선 놀이를 해도 지나치게 웃음소리가 컸고, 잘 놀다가도 뭔가 새로운 게 보이면 그쪽으로 쌩하니 달려갔어요."

"우리 아이는 원래 어릴 적부터 부끄럼이 많고 사람들 많은 곳에 가면 같이 조금 놀다 혼자 조용히 빠져나와 다른 것을 해요."

"우리 아이는 하기 싫어하다가도 조금만 말을 부드럽게 하고 칭찬하면 금방 벌떡 일어나 하기 싫은 것도 잘해요. 그런데 매번 칭찬하는 게 힘들기도 하고 이게 맞는 건지도 잘 모르겠어요."

이렇게 아이의 행동 특성을 설명하는 부모가 참 많다. 우리 아이는 어떤 특성을 보이는가? 그 특성이 마음에 들지 않아 고쳐주고 싶을 수도 있고 고쳐보려 노력했을 수도 있다. 하지만 변하지 않았을 것이다. 그렇다면 어릴 적부터 보여왔던 그 특성들은 유전적으로 가지고 태어나서 부모와 교사가 노력해도 달라지지 않는다는 것을 알아야 한다.

타고난 기질적 요소들은 성숙하게 발달할 수 있도록 도와주어야지 문제로 삼고 고쳐야 하는 것이 아니다. 그래서 부모는 아이의 기질에 대해 제대로 알고 인정하고 받아들일 줄 알아야 한다. 그뿐만 아니라 기질을 어떻게 하면 잘 발전시킬 수 있는지 고민해야 한다.

기질에 대해 한 가지 더 생각해볼 부분이 있다. 예전에는 얌전하고 조용하고 참해서 좋다고 설명되던 행동 특성들이 현대 사회에 와서는 모두 문제로 여겨지는 경향이 있다. 활달하고 적극적이고 주도적인 특성이 각광을 받다 보니 소극적으로 보이면 모두 문제 행동으로 여겨지는 경향이 생긴 것이다. 이렇게 사회문화적 변화로 인해 개인의 기질적 특성에 대한 평가가 달라지는 건 기질의 다양성을 인정하지 않는 고정 관념에서 비롯된 건 아닌지 고민해볼 문제이다.

아이의 기질을 거부하지 마라

어떤 초등학교 5학년 아이는 스스로에 대해 "제가 발표를 못 하고 너무 소극적이에요."라고 표현했다. 아이에게 좀 더 질문했다. 아이가 말하는 소극적이라는 표현은 주도적으로 나서서 하지 않는다는 걸 의미했고, 순서대로 돌아가는 상황에서의 발표 정도를 물으니 "할 때는 하죠."라 말했다. 아이는 자신이 먼저 손을 들지 않는 태도를 문제라 말하고 있었다. 왜 그런 생각을 하게 되었는지 물어보니 "엄마가 늘 나서서 하라고 했는데 그렇게 못 하니까 그게 문제"라고 대답했다.

우리 아이가 어떤 아이인지도 모르고, 더 주도적이고 적극적이길 바라며 잔소리했던 엄마의 말에서 아이는 자신의 태도가 문제라 생각하게 된 것이었다.

이 아이는 원래 나서서 말하고 행동하기를 좋아하지 않는다. 그렇다고 해서 무조건 친구의 의견에 끌려가거나 싫은 걸 억지로 하지도 않았다. 친구가 싫은 걸 제안하면, "난 그거 싫어. 다른 거 하면 어때?"라 말할 줄 안다. 거절하기와 제안하기도 잘하는 아이였다. 자신의 제안에 친구가 거절하면 상처받고 위축되는 게 아니라 "그럼 넌 어떻게 하고 싶어?"라고 질문도 할 줄 안다.

물론 친구가 물어보기 전에 먼저 말하진 않지만 그렇다고 해서 의사소통에 문제가 있거나 위축되어 다른 사람의 의견에 무작정 따라가는 아이가 아니었다. 나서서 먼저 하지만 않을 뿐이지 매우 주도적이고 주관이 뚜렷하고 자기표현도 잘하는 아이였다.

그런 아이가 주도적이지 못하고 소심하다는 엄마의 지속적인 부정적 평가에 이제 스스로를 문제로 인식하고 있다. 한마디로 부정적인 자아개념이 만들어진 것이다. 엄마는 여전히 아이가 커가는 내내 소극적인 모습을 고쳐보려 애썼지만 소용없었다며 한숨을 쉰

다. 누가 문제인가.

타고난 것은 고치려 해도 고쳐지지 않는다. 아무리 바꾸려 해도 타고난 특성이 달라지는 경우는 별로 보지 못했다. 그렇다면 달라지지 않는 것이 있다는 것을 인정하고, 타고난 기질을 어떻게 성숙하게 발달시킬 수 있는지 고민하는 것이 바람직할 것이다. 그러기 위해서는 먼저 우리 아이가 어떤 기질을 타고났는지 제대로 알아보아야 한다.

기질을 알아야
잘 키울 수 있다

배 속에서부터 이미 정해져 있다

아이의 행동 특성을 흔히 성격이라 말하지만 엄밀하게 구분하면 기질과 성격으로 나누어진다. 기질이란 태어날 때부터 가지고 있는 고유한 행동 양식이며 평생 잘 변하지 않는 특성을 말한다. 그에 반해 성격이란 기질과 환경의 상호 작용을 통해 후천적으로 습득하고 형성된 것을 말한다. 또 이 2가지를 합쳐서 인성이라 부르기도 한다. 조금 헷갈린다면 기질은 가지고 태어난 것이고 성격은 후천적으로 만들어지는 것으로, 기질은 변화가 어렵고 성격은 비교적 변화가 쉬운 것으로 이해하면 되겠다.

아이의 어떤 행동이 문제로 느껴지면 부모는 그걸 어떻게든 고치려 애를 쓴다. 하지만 만약 그 특징이 아이가 가지고 태어난 기질이라면 아무리 노력해도 변화가 어려울 수 있다. 그렇다고 기질의 문제적 속성에 대해 걱정부터 할 필요는 없다. 기질은 성격 발달의 기본 틀이 된다. 기질과 성격은 환경과의 상호 작용 속에서 학습을 통해 일생 동안 지속적으로 발달한다.

흔히 '성격은 안 변한다'는 말에서의 성격이 바로 기질을 의미하는 것이다. 성격이 잘 발달되면 기질에 의한 자동적인 정서 반응을 잘 조절할 수 있다. 그리고 이를 성숙시키고 발전시켜나가면 이렇게 통합된 기질과 성격이 바로 한 사람의 인성으로 표현될 수 있다는 의미이다. 그러니 우리에게는 우리 아이가 어떤 기질을 가지고 태어났으며, 어떤 성격을 형성하며 커가고 있는지 아는 것이 매우 중요하다.

우리 아이는 어떤 기질을 가지고 태어났을까? 두 아이 이상을 낳은 엄마라면 각 아이마다 이미 엄마 배 속에서부터 행동 양식이 다르다는 것을 너무 잘 안다. 첫아이는 태동을 자주 하지 않았고 할 때도 가볍게 하는 편이었는데, 둘째는 태동도 잦고 발길질하는 힘도 매우 세서 엄마가 아플 정도인 경우도 있다. 똑같은 부모에게서 잉태된 아기이지만 이미 엄마 배 속에서부터 그 행동 양식이 매우 다르다는 걸 알 수 있다.

기질에 대한 연구에서도 마찬가지 결론이다. 생후 수주 이내의 영아기부터 행동상의 개인차가 관찰된다고 보고되고 있다. 쌍둥이를 키우는 경우에도 두 아이의 행동 양식이 다른 것을 보면 아이들이 각자 타고난 기질에 따라 행동 양식을 나타내고 있다는 의미가 된다.

그렇다면 부모는 우리 아이가 어떤 기질을 가지고 태어났으며, 타고난 훌륭한 점이 무엇인지, 혹시 잘 보살피지 않으면 문제가 될 소지는 없는지 관심을 가져야 한다.

아이의 기질을 존중하라

우리 아이의 타고난 기질을 알기 전에, 내가 바라는 기질이 아니라면 어떤 반응을 보일지 미리 마음을 결정해야 한다. 이것은 매우 중요한 점이다. 내가 기대하고 바라는 특성이 우리 아이에게 없다면 어떤 마음일까? 혹은 제발 내가 싫어하는 그런 모습만은 없기를 바라는 점이, 우리 아이의 기질적 특성이라는 걸 알게 된다면 어떻게 할 것인가?

기질은 바뀌지 않는다고 했다. 그 말은 부모가 아이의 기질적 특징을 문제로 보고 지적하고 혼을 낸다면 달라지기는커녕 점점 문제가 심각해질 수 있다는 의미가 된다.

그러니 우리 아이의 기질적 특성을 알게 되었을 때 어떤 특성을 가지고 태어났다 해도 긍정적인 태도로 감사하게 받아들일 마음의 준비를 하는 것이 중요하다.

부모의 바람과 우리 아이의 기질이 일치하지 않을 때, 나는 우리 아이를 있는 그대로 인정하고 존중하고 사랑하며 아껴줄 수 있는지 스스로 물어보자. 싫어도 소용없다. 기질은 바뀌지 않는다는 것을 우리는 경험적으로 이미 알고 있지 않은가. 이제 준비된 마음으로 우리 아이가 어떤 아이인지 알아보기로 하자.

기질의
4가지 요소

곰곰이 생각해보면 부모는 우리 아이가 어떤 기질을 가지고 태어났는지 아마 짐작하고 있을 것이다. 다만, 그 모습을 타고난 기질로 생각하지 못하고 호되게, 따끔하게 혼내면 달라질 수 있을 거라는 잘못된 신념을 가지고 있을 수도 있다. 그래서 우리 아이의 기질을 확실히 아는 것은 매우 중요하다.

기질에 관해서는 지금까지 많은 연구가 있었다. 그중에서 지금 현재 우리나라 임상 현장에서 가장 많이 활용하고 있는 미국의 정신 의학자인 클로닝거(C. Robert Cloninger) 교수의 '기질 성격검사(Temperament and character Inventory, TCI)' 이론에 근거해 우리 아이의 기질을 알아보자.

클로닝거 교수는 외부 환경에서 주어지는 자극에 대해 사람들은 선천적으로 유전적으로 반응하는 방식이 다르다고 주장한다. 또한 기질이 결정되는 이유는 신경 전달 물질에 의한 것이며 그 반응 양식에 따라 크게 4가지 차원의 기질로 구분할 수 있다고 설명한다. 이 4가지 요소의 기질은 기분 상태의 변화에 크게 영향받지 않고 안정적인 속성을 지닌 것으로 밝혀졌다. 각 요소의 몇 가지 질문에 대해 생각해보면서 우리 아이의 기질을 이해해보자.

위험 회피 성향

첫째 요소는 위험 회피(Harm Avoidance) 성향이다. 아이를 떠올리며 아이의 기질을 이해해보자.

- 한 살 무렵부터 낯가림이 심했는가?
- 또래에 비해 겁이 많고 수줍음을 잘 타는가?
- 새로운 사람을 만나거나 새로운 장소에 가면 엄마 뒤에 숨어 매달리거나 엄마 품으로 파고드는가?
- 색깔이 이상한 아이스크림을 보면 먹어보고 싶어 하는가? 늘 먹던 것만 먹는가?
- 놀이공원에서 귀신의 집에 들어가고 싶어 하는가? 피하고 싶어 하는가?

위험 회피 성향은 위험하다고 느껴지거나 혐오스러운 자극에 대해 본능적으로 행동이 위축되는 유전적 경향성을 말한다.

위험 회피 성향이 높은 아이는 낯선 사람, 낯선 장소에 대해 쉽게 겁을 내고 무서워한다. 아주 사소한 것에 대해 걱정이 많고 새로 만나는 선생님이나 친구들이 자신을 싫어하거나 혼을 낼 거라 짐작하며 무서워하고 적응하는 데 시간이 오래 걸린다.

이렇게 불안하고 힘들기 때문에 친숙한 사람과 자신이 이미 알고 있는 안전한 곳, 자신에게 익숙한 방법을 선택하려 한다. 그래서 위험 회피 성향이 높은 아이들은 새 학년, 새 학기가 공포스럽게 느껴지기도 한다. 그나마 어린이집이나 유치원은 선생님들이 다정하고 친절하게 대해주는 경향이 있어 시간이 걸려도 적응을 할 수가 있지만, 초등학교에 입학하면 그런 과정이 없어 어려움을 겪기도 한다. 아이가 학교와 선생님을 무서워한다면 이 아이의 타고난 기질이 위험 회피 성향이 높아서 모든 걸 위험으로 인식하고 있는 건 아닌지 살펴보아야 한다.

이런 아이에게 "괜찮아."라는 말은 별로 힘을 발휘하지 못한다. 구체적으로 아이가 무서움에도 불구하고 노력하고 잘하고 있는 점을 찾아 지지하고 격려해주어야 한다.

그렇다고 위험 회피 성향이 높은 아이에게 단점만 있는 건 절대 아니다. 아주 훌륭한 장점도 매우 많다. 조심성이 많아 위험한 일을 저지르지 않는다. 정해진 규칙과 질서를 잘 지키며, 안정적이고 익숙한 방법을 좋아하므로 하던 일을 매우 능숙하게 잘하게 된다. 그리고 조금 단조로운 것도 쉽게 안정감을 얻으니 별로 힘들이지 않고 쉽게 몰입할 수도 있다.

특히 위험이 예측되는 상황에서는 미리 주의 깊게 조심스럽게 준비하고 철저히 점검하는 모습을 보이게 된다. 돌다리를 두들겨보고 건널 줄 아는 특성이며, 자신뿐 아니라 다른 친구들에게도 함께 조심하자고 얘기하는 모습을 가진다. 이런 특징은 사회적 관계에서 신뢰를 얻고 믿음직하고 안정적인 사회성을 발달시켜갈 수 있는 매우 큰 장점이다.

반대로 위험 회피 성향이 낮은 아이라면 걱정이 별로 없고 과감한 모습을 보일 수 있다. 적극적이며 능동적인 태도를 보인다. 다만, 위험에 둔감하여 사건에 휘말리거나 곤란한 일을 겪을 가능성이 높으니 주의를 기울여 조심하는 습관을 키울 수 있도록 행동의 원칙을 가르치는 것이 필요하다.

자극 추구 성향

두 번째 요소는 자극 추구(Novelty Seeking) 성향이다. 아이를 떠올리며 기질에 대해 생각해보자.

· 새로운 걸 좋아하는가? 익숙한 것을 좋아하는가?

· 하던 방식으로 하는 것을 좋아하는가? 새로운 방식으로 시도하는 것을 좋아하는가?

· 한 가지에 집중하다가 쉽게 다른 것으로 관심을 돌리는가?

· 늘 가던 길로 가는가? 가보지 않은 길로 가기를 좋아하는가?

· 새로 나온 장난감을 당장 사달라고 심하게 요구하는가?

· 감정 기복이 심한 편인가?

· 잠시도 가만히 있지 못하는가?

    자극 추구 성향은 '새로움 추구'라 번역하기도 한다. 새롭고 신기하게 느껴지는 자극에 대해 본능적으로 끌리고 행동이 활성화되는 유전적 경향성을 말한다.

    말 그대로 새로운 자극에 호기심이 많아 생각하기 전에 먼저 몸으로 반응하는 아이다. 이런 아이는 마트에 가면 정신없이 이것저것 눈에 보이는 대로 만지고 조작해보며 사달라고 떼를 쓰기도 한다. 그러다 욕구가 좌절되면 쉽게 화를 내거나 의욕을 상실할 수 있으며, 지루하거나 재미없는 상황, 좌절감을 경험하는 상황을 잘 견디지 못하는 경향을 보인다.

    넘치는 호기심과 충동적 행동으로 부모나 교사는 아이를 감당하기 어렵게 느끼기도 한다. 만약 부모나 담임 교사가 아이의 이런 기질을 이해하지 못하면 이 아이는 아마도 매우 산만하고 주의력과 인내심이 부족한 아이로 평가되어 혼날 가능성도 매우 높다.

하지만 자극 추구 성향이 높은 아이는 언제나 밝고 활발한 에너지를 내뿜어 주변을 환하게 만들어주기도 한다. 무엇이든 도전해보고, 직접 경험하며 수많은 시행착오를 통해 새로운 통찰을 얻는 훌륭한 강점이 되기도 한다.

낯선 사람을 두려워하지 않기에 쉽게 친구를 사귀고, 다른 사람을 잘 도와주고 도움 청하기도 수월하다. 나서기를 좋아하고 활동적이니 리더가 될 자질이 충분하다.

물론, 정해진 규칙을 쉽게 어기거나 조금 지루하고 반복적인 일에 쉽게 싫증을 낼 수 있다. 그러니 꼭 지켜야 할 규칙과 행동의 경계를 단단히 가르치고 아이가 좀 더 깊이 있는 지식과 즐거움으로 몰입할 수 있도록 도와주는 과정이 필요하다.

반대로 자극 추구 성향이 낮은 아이들은 식탁의 유아용 의자에 앉거나 카시트에 앉아 있는 것에 별 어려움이 없기도 하고, 조용하고 차분하게 퍼즐에 집중할 줄 알고, 블록을 쌓았다 허물었다를 반복하며 놀이에 몰입하기를 잘한다. 집중하고 몰입하는 학습 과정에 적응하기도 무척 쉬울 수 있다는 장점이 있다.

보상 의존 성향

셋째 요소는 보상 의존(Reward Dependence) 성향이다. 아이를 떠올리며 기질에 대해 생각해보자.

· 잘했다는 칭찬에 무척 즐거워하고 더 열심히 하는가?
· 잘못한 일에도 부드럽게 격려하면 더 열심히 하려고 애를 쓰는가?
· 부모의 표정에 민감하게 반응하는가?
· 작은 선물에도 무척 기뻐하며 더 잘하려 노력하는가?
· 여러 사람과 어울려 놀기를 좋아하는가?

보상 의존 성향은 사회적 민감성으로 불리기도 한다. 사회적 보상 신호에 강하는 반응하는 유전적 경향성이며, 지속적인 강화가 없어도 부모와의 애착이나 교사나 친구와의 친밀감이라는 사회적 보상을 얻기 위해 행동하는 경향성을 의미한다.

이 성향이 높은 아이는 주변 사람들의 언어적·비언어적 반응에 매우 민감하고 관심과 인정을 받고 싶은 욕구가 매우 강하다. 타인의 심리적 반응에 민감한 만큼 마음이 따뜻하고 감수성이 풍부한 특성을 보인다. 친구들의 마음을 잘 헤아려주니 좋은 친구 관계를 가질 수 있고, 부모의 마음까지 위로해주는 모습을 지닌다.

하지만 사회적 민감성이 지나치게 높으면 타인에게 의존적이고 감정 변화의 폭이 너무 커 스스로도 혼란스러우며 사회적 관계에서 피로감을 가질 수 있다. 혹은 타인의 작은 신호에 너무 민감하여 조금만 부정적 느낌을 받아도 쉽게 상처받을 가능성도 매우 높다.

또한 쉽게 부정적인 감정을 내보이지 않는 특성으로 스트레스가 쌓여갈 위험도 있다. 그러니 타인의 시선보다 자신의 마음을 돌보고 내적 만족감을 얻을 수 있도록 이끌어주는 과정이 필요하다.

반대로 사회적 민감성이 떨어지면 타인의 감정에 예민하지 못한 현상을 보인다. 친구를 배려하거나 의견을 존중하지 못하고 자신의 의견을 관철하려 하며 잘 되지 않을땐 쉽게 짜증을 내기도 한다.

때로는 고집을 부리고 기존 규칙에 대드는 모습을 보이기도 한다. 어쩌면 이런 모습이 독립적이고 주도적인 것 같아 보이기도 하지만 속으로는 쉽게 상처받는 여린 마음을 지닌 경우가 더 많다.

지속 성향

네번째 요소는 지속(Persistence) 성향이다. 아이를 떠올리며 기질에 대해 생각해보자.

· 한번 시작한 놀이를 지속적으로 하는가?

· 해야 할 일을 부지런히 노력하는가?

· 인내력이 필요한 일을 끝까지 해내는가?

· 어떤 일을 완벽하게 해내려 애를 쓰는가?

· 질 것 같을 때도 포기하지 않고 끝까지 계속하는가?

지속성은 인내력 기질이라 부르기도 한다. 지속적인 강화가 없어도 한 번 보상된 행동을 꾸준히 지속하려는 유전적 경향성을 말한다. 이는 방해 요인이 생겨도 하려던 일을 끝까지 수행하려고 지속적으로 매달리고, 하기 싫어도 참고 해낼 수 있는 인내력을 가지고 태어났다는 의미이다.

지속성이 강한 아이는 강화가 없어도 스스로의 성취가 보상이 되며, 원하는 성취를 얻기 위해 특정 행동을 계속하는 모습을 보인다. 퍼즐 맞추기나 블록 만들기, 혹은 미로찾기 등 다소 어려운 과제를 주었을 때 틀려도 다시 하고 또 틀려도 다시 할 수 있는 특성을 지녔다.

이런 특성이 초등학교에 입학하면 어려워도 포기하지 않고 열심히 공부하는 모습으로 발전하게 되는 것이다. 부모와 교사의 관점에서 보면 한두 번의 적절한 칭찬과 심리적 보상만으로도 아이가 바람직한 행동을 지속할 수 있는 모습을 지녔으니, 키우기 수월한 좋은 기질적 요소가 된다.

만약 지속성 요인이 매우 낮다면 반대의 모습을 보이게 된다. 조금만 어려워도 쉽게 포기하고, 질 것 같은 상황에서 회피하고, 만들기를 하다가도 마음먹은 대로 안 되면 흥미를 잃고 다른 것으로 관심을 돌리게 된다.

따라서 지속성의 요인이 낮은 아이는 노력하고 도전하기보다 어려운 과제를 회피하거나 감각적 재미로 빠져들기도 한다. 아마도 TV나 동영상 보기를 지나치게 집착한다면 어쩌면 우리 아이는 지속성 요소가 취약한 경향성을 가지고 태어났다고 이해하는 것이 더 적절하다.

지금까지 4가지 기질 요소에 대해 알아보았다. 아주 단순한 질문들이지만 일상에서 나타나는 아이의 기질적 경향성이라 아이의 기질을 좀 더 쉽게 이해할 수 있었을 것이다. 우리 아이를 잘 이해하고 싶다면 각 요소의 질문에 우리 아이는 어느 정도로 해당되는지 10점 척도로 체크해보자.

엄마 아빠의 평가 기준이 각각 다를 수 있으니 따로따로 체크해서 서로의 평가를 가지고 의견을 나누어보는 것이 좋다. 또한, 집에서의 행동과 유치원, 학교에서의 행동이 다를 수 있으니 선생님의 평가도 참고해보아야 한다.

이 정도의 평가만으로도 우리 아이의 기질을 파악하는 데에 있어서 정확도가 꽤 높다는 사실을 알 수 있을 것이다. 그럼에도 우리 아이의 기질을 정확히 알고 성숙하게 성격 발달이 이루어지도록 도와주고 싶다면, 혹은 현재 우리 아이의 행동에 뭔가 문제가 있다고 여겨진다면 전문기관에서 기질과 성격검사를 포함해서 정서 발달과 인지 발달을 종합적으로 알아볼 수 있는 종합심리검사(Full-Battery 검사)를 시행해보는 것이 바람직하다.

기질에 맞게
키우는 법

부모가 생각하는 방향이 최선이 아닐 수 있다

"제가 우리 아이를 너무 몰랐어요."

청소년 부모들이 많이 하는 후회의 말이다. 너무 소중하고 예쁜 우리 아이가 어느새 커간다. 초등학생을 지나 청소년기에 접어들 때쯤이면 몸도 마음도 부모보다 훌쩍 크며 눈이 부시게 커갈 줄 알았다. 하지만, 그렇지 못한 아이들이 너무 많다.

아이 인생에서 가장 중요하게 생각되는 공부는 뒷전이고, 스마트폰만 붙잡고 게임을 하거나 웹툰에 빠져 있거나 별 시답지 않은 동영상을 보느라 아까운 시간을 다 보낸다. 그래도 그 정도는 무난한 고민이다. 이런 생활들이 점점 심각한 수준으로 치달아 아예 학교를 그만두겠다고 폭탄선언을 해버리는 아이도 있다.

부모는 아이가 이해되지 않는다. 원하는 대로 다 해주고, 학교 가기 싫어하는 날에는 결석하는 것까지 허락해주었는데 도대체 왜 이러는지 도저히 용납할 수가 없는 것이다.

이렇게 문제가 생기면 부모는 우리 아이만 잘못된 길로 가는 것 같아 두렵고 겁이 난다. 다른 아이들은 힘들어도 다들 멀쩡하게 열심히 잘하고 있는데 우리 아이만 왜 이러는지 답답하다. 그러다 심리 상담실과 정신과를 가보고 나서야 우리 아이가 어떤 아이인지 몰랐다는 사실을 깨닫게 된다.

중고등학생들이 어떤 문제로 상담을 의뢰하는지 알아보면 지금 유아기와 초등 시기의 아이를 어떻게 키워야 하는지 방향을 잡는 데 큰 도움이 된다.

아이가 공부를 너무 안 해서 부모가 답답하고 걱정이 큰 경우, 학교 가기를 싫어하다 결국 등교 거부를 하는 경우, 심각한 학교 폭력 사건의 가해자나 피해자가 되는 경우, 우울증을 의심할 정도로 무기력해 심리상태가 걱정되는 경우, 스포츠토토 같은 도박에 빠지는 경우, SNS상에서 사이버 범죄를 일으키는 경우 등 너무 다양한 문제로 정신과나 상담실을 찾는다.

이런 어려움을 겪는 아이들은 처음부터 문제가 많았다거나 부모가 지나치게 폭력적이거나 방임해서 그런 게 아닌 경우가 대부분이다. 우리 아이가 어떤 아이인지 모르고 부모가 최선이라 생각하는 방식으로 아이를 끌고 가기만 하다 문제가 발생하는 경우가 더 많다.

아이의 기질을 장점으로 생각하라

부모가 우리 아이의 기질을 이해하는 것은 매우 중요하다. 갈등 상황이 생기면 우리 아이는 어떻게 대응할 것으로 예측되는가? 그런 방식을 선택하는 이유는 아이의 개성인가? 아니면 용기가 부족하거나 심리적 문제가 있거나 아이가 문제가 많아서 그런걸까?

아이를 임신했을 때를 생각해보자. 그때만 해도 엄마는 주체적으로 우리 아이가 순한지 활달한지 파악할 줄 알았다. 하지만, 아이가 태어나면 산후조리원에서부터 우리 아이보다 우유를 잘 먹는 아이, 잠을 잘 자는 아이, 활달한 아이, 잘 웃는 아이와 비교하며 판단하고 불안해지기 시작한다. '더 잘 먹어야 하는데. 더 잘 자야 하는데. 키가 더 커야 하는데.'라는 기준이 아이를 문제로 보고 그 걱정과 불안한 표정이 아이로 하여금 자신에 대한 부정적 이미지를 만들게 한다.

우리가 지난 시간을 되돌아보아야 하는 이유는 앞으로 지금까지와는 다르게 하기 위해서이다. 부모가 우리 아이가 어떤 아이인지 알고 적절하고 타당한 방식의 양육법을 실천한다면 우리 아이는 자신의 기질을 눈부시게 발달시키며 성숙한 성격을 만들어가고 훌륭한 인성을 가진 사람으로 성장해갈 것이다.

성공 육아의 주인공들이 입을 모아 하는 말이 있다. 아이가 훌륭한 자질을 처음부터 갖고 태어난 건 아니라는 것이다. 아이를 잘 키워 자랑스럽고 당당한 표정을 가진 그들의 공통점은 아이의 타고난 기질을 잘 발달시켜 성숙한 성격으로 발전할 수 있도록 도와주었다는 점이다.

그러니 부모가 아이를 잘 키우고 싶다면 우리 아이의 기질에 맞는 육아를 해야 한다. 그러기 위해 꼭 기억해야 할 점은 기질은 바뀌지 않는다는 점과 기질의 단점이 아니라 강점이자 장점을 보아야 한다는 점이다. 이 원칙을 잘 기억하면서 각 기질별 육아법을 살펴보자.

위험 회피 성향이 높은 아이를 위한 육아법

부모 입장에서는 위험 회피 성향이 높아 소극적이고 새로운 걸 싫어하고 낯선 상황에서 움츠려드는 아이가 답답할 수 있다. 하지만, 위험을 피하려는 성향의 장점을 잘 활용해 먼저 이것이 위험하지 않다는 걸 알려주면 손쉽다.

첫째, 넉넉한 시간을 주자.

아직 너무 어리고 무서워서 어찌해야 할 바를 모르는 아이에게 불안을 극복하라는 것은 너무 잔인한 말이다. 그러니 우리 아이가 불안으로 감지하는 상황에 대해 천천히 마음을 진정시킬 수 있도록 충분히 넉넉한 시간을 주어야 한다.

엄마들의 모임에 아이를 데리고 갔을 때, 엄마는 아이가 씩씩하게 다른 어른들에게 인사하고 밝은 모습으로 잘 놀기를 바란다. 하지만 위험 회피 성향의 아이는 그렇지 못하다. 어쩌면 그 모임이 끝날 때까지 아이는 엄마 옆에 붙어서 불안하고 지루한 모습으로 신경 쓰이게 할지도 모른다.

이때 우리 아이를 위해 엄마가 가져야 할 마음은, 이번 경험이 아이에게는 탐색의 시간이고 그 시간이 우리 아이에게는 꼭 필요한 시간이라는 생각이다. 이런 시간을 가진다면 분명 아이는 다음 모임 때 조금 더 발전된 모습을 보이게 된다.

둘째, 관찰하는 법을 가르치자.

낯선 장소 낯선 상황에서 아이에게 꼭 해주어야 할 말이 있다.

"한번 천천히 살펴봐. 궁금한 점, 이상한 점, 무섭게 느껴지는 것, 혹은 호기심이 생기는 게 있는지 잘 관찰해봐. 그런 다음에 엄마에게 말해줘."

친구들이 어떤 말을 하고, 어떻게 행동하는지, 다른 사람들은 어떤 표정인지, 각각의 행동들이 어떤 의미인지 아이가 충분히 관찰하게 하는 것이다. 이를 통해 자신도 그 아이들처럼 행동해도 아무 일도 일어나지 않을 뿐 아니라, 재미있고 신이 날 수 있다는 사실을, 아이 스스로 확신하는 시간을 갖는 것이다. 그런 시간 없이 무조건 적응하라고 아이를 떠미는 실수는 절대 하지 말아야 한다.

셋째, 부드러운 칭찬과 격려를 많이 하자.
위험 회피 성향이 높은 아이들은 무척 예민하다. 신체 감각도 예민하고 정서적 반응도 그렇다. 그러니 갑자기 불을 끄거나 귀신놀이 한다며 버럭 소리를 질러 아이를 놀라게 하면 울음이 터지기 쉽다. 어쩌면 아이는 엄마 아빠가 조금만 화난 표정을 지어도 쉽게 겁에 질릴 수 있다. 남자아이가 이런 성향을 보이면 아이는 사내자식이 겁이 많다며 또 핀잔을 듣는다. 이런 경험은 이 아이들에게는 전혀 도움이 되지 않을 뿐 아니라 오히려 더 겁에 질리고 불안도만 높아지게 된다.
위험 회피 성향의 아이에게 정말 필요한 것은 부드러운 칭찬과 격려의 태도이다. 잘할 때도 너무 호들갑스러운 칭찬은 아이가 부담스럽다. 따뜻하고 부드러운 칭찬과 엄지를 척 올리며 미소 짓는 표정은 아이에게 큰 보상이 된다.

유아기와 아동기에 충분히 존중받는 경험이 누적되어야 점점 아이는 자신의 모습을 잘 발전시켜 성숙한 모습으로 성장하게 된다. 위험 회피 성향이 장점으로 작용하여 신중하고, 계획적이며, 다양한 상황을 예측해서 사전에 대비할 수 있으며 그래서 가장 효율적인 방법을 선택할 수 있는 능력이 발전할 수 있게 되는 것이다.

넷째, 행동의 루틴을 만들어주자.

한 가지 상황에서 행동의 규칙을 미리 아는 건 위험 회피 성향이 높은 아이에게 매우 중요한 일이다. 미리 알아야만 마음이 안정되고 위축되지 않고 편안하게 자신의 기능을 잘 활용할 수 있기 때문이다.

아침에 일어나면 '용변 보고, 세수하고, 밥 먹고, 이 닦고, 옷 갈아입고, 학교 간다.'라는 정해진 루틴이 아이로 하여금 더 편안하고 즐거운 마음이 들게 하는 것이다.

학교 다녀오면, 친구를 만나면, 숙제할 때 등등의 상황에서 하나씩 하나씩 아이에게 잘 맞는 규칙성을 찾아갈 수 있도록 도와주는 것이 좋다. 물론 한번 정했다고 고정불변은 아니다. 자신의 루틴에 충분히 익숙해지면 아이는 다음 단계의 도전이 가능해진다.

위험 회피 성향이 높은 아이는 천천히 주변 친구들을 관찰하고 좋아 보이는 방식을 스스로 적용해보고 싶은 마음이 들게 만들어야 한다. 그 속도가 다른 친구보다 느리다고 해서 절대 느린 것이 아니라는 점과 자신만의 규칙이 아이로 하여금 자신의 능력을 최대로 발휘할 수 있게 해준다는 사실을 꼭 기억하면 좋겠다.

자극 추구 성향이 강한 아이를 위한 육아법

자극 추구 성향이 강한 아이는 잠시도 가만히 있지 못하고, 어디로 튈지 모른다. 이랬다저랬다 변덕이 너무 심하며 쉽게 흥분한다. 그러다 보면 아이는 잘못을 지적당하는 경우가 너무 많다. 그러나 이런 아이의 행동을 문제로 보지 말고 장점으로 인식하고 대해야 한다.

첫째, 칭찬하자.
아이 모습은 다른 시선으로 보면 분명 칭찬할 거리가 생긴다.

"호기심이 많구나."
"무슨 일이든 의욕적으로 열심히 하는구나."

"적극적인 모습이 보기가 좋아."
"마음만 먹으면 뭐든지 할 수 있구나."

이렇게 칭찬해주어야 아이는 부모의 말을 들을 마음의 준비를 할 수 있게 된다.

둘째, 원칙을 알려주고 단단하게 경계를 지키자.

그야말로 어디로 튈지 모르는 아이에게 해도 되는 행동과 절대 하면 안 되는 행동에 대한 기준을 명확히 알려주어야 한다. 즉각적이고 충동직 욕구가 강하니 쉽게 아이의 요구에 넘어가면 안 된다. 친구랑 놀다 보면 숙제도 미루고 학원도 안 가겠다고 한다. 이때 한두 번 아이의 요구를 들어주기 시작하면 아이는 그 일을 빌미삼아 계속 요구하게 된다. 그러니 친구와 놀기 전에 미리 그날의 원칙을 알려주어야 한다.

"두 시간만 놀고 들어와야 해. 더 놀고 싶은 마음이 들 거야. 아무리 더 놀고 싶어도 약속은 지켜야 해. 넌 할 수 있을 거야."

이렇게 단단하게 원칙을 알려주어야 아이는 노력하게 된다.

셋째, 미리 계획하자.

오늘 하루의 계획, 한 주의 계획 정도는 미리 아이가 알고 있어야
한다. 그래야 순간순간 상황에 따라 충동적인 요구를 덜하게 되고,
자극에 따라 움직이는 마음의 중심을 잡기가 수월해진다.

"오늘은 학교 다녀와서 집에 와서 한 시간 쉬고, 수학 학원에 갈 거
야. 다녀와서 저녁 먹기 전까지 숙제하고 남은 시간은 자유롭게 놀
아도 돼. 물론 나가서 놀 때는 엄마 허락을 받아야 해."

이렇게 말한다고 해서 아이가 그대로 잘 따른다는 말은 아니다.
하지만, 계속 반복된 설명이 때로는 아이의 행동 지침을 세우는 데
큰 도움이 된다. 비록 아이가 듣고 싶어 하는 말이 아닐 수는 있지
만, 자극에 따라 이러저리 뛰는 아이를 위해서는 아이 스스로 마음
에 원칙의 뿌리를 단단하게 세울 때까지 지속적으로 도와주어야
한다.

이 방법의 효과를 높이려면 아이가 직접 오늘 하루의 계획을 말
하게 하거나 일일 계획표를 직접 쓰게 하면 좋다. 엄마와 함께 계획
한 일이라도 스스로 말로 하고 글로 쓰는 과정을 통해 그 원칙을 좀
더 마음에 잘 새기게 되기 때문이다.

넷째, 금지 행동이 아니라 허용 행동을 먼저 알려주자.

에너지가 좋은 아이라 엄마가 현명하게 이끌지 못하면 거꾸로 아이에게 끌려가게 된다. 매번 아이 뒤를 쫓아가며 하지 말라는 잔소리와 지적을 반복하게 되는 것이다. 이렇게 되면 육아는 너무 힘든 일이 된다. 그러니 아이에게 미리 허용되는 행동의 범위를 알려주는 것이 더 중요하다. 다만, 워낙 활동적인 경향이 강하니 그 허용의 범위를 좁게 잡으면 아이가 폭발할 수 있다.

> "네 방에서는 자유롭게 놀아도 돼. 하지만 장난감으로 거실을 어지르면 안 돼. 단, 놀고 나면 장난감 통에 정리하는 건 네가 스스로 해야 해. 할 수 있겠지?"
>
> "저녁 먹기 전에 숙제할지 식사 후에 할지 네가 결정할 수 있어. 단, 네가 정한 시간은 꼭 지켜야 해."

이런 정도의 대화와 그 약속을 성공적으로 지키는 경험만 쌓인다면 자극 추구 성향이 높은 우리 아이는 더 적극적이고 책임감 있는 아이로 성장하게 될 것이다.

보상 의존 성향이 높은 아이를 위한 육아법

자신을 챙긴다는 의미가 보상 의존 성향이 높은 아이에게는 매우 중요한 일이다. 자신도 모르게 자신의 마음이 아닌 다른 사람의 마음에 자꾸 신경을 쓰기 때문이다. 그래서 싫은 것도 참고, 억지로 괜찮은 척하는 모습으로 자라게 되는 경우가 너무 많다.

첫째, 자신을 먼저 배려하도록 가르치자.

보상 의존 성향이 높아 다른 사람의 눈치를 살피거나, 좋은 게 좋은 거니 그저 참고 넘어가려는 모습을 보인다면, 부모는 아이를 멈추게 하고 아이가 자신의 마음을 알아차리고 돌보도록 도와주어야 한다.

누나와 동생에게 과자를 나누어 주었다. 누나는 5개, 동생은 4개이다. 동생이 자기 것이 적다며 떼를 쓰자 누나는 자신의 과자를 2개나 양보한다. 누나는 3개가 되고 동생은 6개가 되었다. 이런 경우 누나에게 칭찬만 하고 있으면 안 된다. 구체적인 경험을 통해 아이가 자신을 챙기는 것을 배울 수 있게 해야 한다.

"너는 동생보다 크니까 당연히 한 개를 더 먹어야 하고, 동생은 자신의 것만 먹고 참을 줄 알아야 해. 그래도 동생이 우는 게 괴롭다면 네 것을 잘 지키고 있어. 동생은 엄마가 진정시킬게."

둘째, 원하는 것을 말하는 연습을 시키자.

좋으면 좋다, 싫으면 싫다고 말하는 일이 보상 의존 성향이 높은 아이에게는 쉽지 않은 일이다. 좋다고 말하는 경우 진짜 자신의 마음이 아니라 상대의 마음에 맞추는 것인 경우가 더 많다. 네가 진짜로 원하는 것을 말하라고 해도 아이가 쉽게 솔직하게 말하기는 어렵다. 그러니 평소에 다양한 상황을 미리 생각해보고, 그럴 때 어떻게 하고 싶은지 아이와 종종 이야기를 나누는 것이 좋다.

"동생이 말도 없이 아끼는 색연필을 사용했을 때 뭐라고 말하면 좋을까?"
"새 샤프를 가져갔는데, 아직 쓰지도 않았는데 친구가 한번 써보고 싶다고 말하면 어떻게 할까?"
"급식 먹으려 줄을 섰는데 한 친구가 순서를 바꾸자고 요청하면 뭐라고 말할까?"

이렇게 다양한 상황을 미리 생각하고, 그럴 때 거절해도 된다는 사실, 거절한다고 해서 친구가 나를 싫어하게 되거나 따돌림을 당하지 않는다는 사실을 미리 설명해주는 것이 중요하다. 물론 이렇게 미리 말하고 마음의 준비를 해도 그런 말을 하는 것이 쉽지 않다. 그러니 아이가 익숙해질 때까지 자주 대화를 나누고, 혹시라도 아이가 주도적으로 자신의 감정을 솔직히 드러냈을 때 충분히 칭찬받는 경험이 필요하다.

이런 과정이 어렵게 느껴진다면 하루에 한 가지씩만 엄마 아빠에게 부탁하고 싶은 것 말하기를 규칙으로 정하는 방법도 도움이 된다. "웃으면서 인사해주세요.", "저녁 반찬으로 돈가스 먹고 싶어요." 정도면 충분하다. 보상 의존 성향이 높은 아이는 이런 정도의 부탁도 용기가 필요한 상황이라는 사실을 이해하는 것이 중요하다.

셋째, 아이의 의사 표현에 충분히 공감하고 수용해주자.

가능하면 들어주자. 이 아이들은 정말이지 요구가 과한 경우가 거의 없다. 그러니 아이가 좀 더 당당하게 자기주장을 할 수 있을 때까지 웬만하면 아이 마음을 공감하고 요구를 수용해주자. 돈가스 먹고 싶다는 아이에게 재료가 없다고 다음에 해주겠다고 하면, 아이는 이제 다음엔 자신이 원하는 것을 말하지 않게 된다. 늘 자신은 괜찮다고 말하고, 자신의 감정과 욕구를 억누르게 될 위험이 있다. 우리 아이가 착한 아이 콤플렉스에 빠지기를 원치 않는다면 아이의 의사 표현을 지지하고 공감하고 수용해주어야 한다.

"말해줘서 고마워. 그 정도는 충분히 들어줄 수 있지. 언제든 말만 해. 네가 진심을 말해줄수록 엄마 아빠는 기분이 좋아."

이런 말을 종종 들려주기 바란다.

지속 성향이 높은 아이를 위한 육아법

지속 성향이 높은 아이는 강화가 없어도 한번 보상받은 행동은 스스로 지속한다.

첫째, 아이를 방해하지 말자.

아이가 뭔가에 꾸준히 노력하고 집중하고 있다면 부모는 그 아이를 방해하지 않는 것이 중요하다. 때로는 뭔가를 하는 것보다 하지 않는 것이 더 어렵다. 왠지 모르게 칭찬해주어야 할 것 같고, 힘든 건 쉽게 하고 싶은 마음이 들 수도 있다. 하지만 뭔가에 몰두하는 아이는 이미 스스로 성취에 대한 욕구가 높은 아이다. 그러니 방해하지 않고 아이를 따뜻하게 지켜보는 것이 중요하다.

둘째, 휴식과 놀이의 즐거움을 깨닫게 하자.

이 아이들은 간헐적 보상만으로도 과제를 수행하는 능력이 매우 뛰어나다. 하지만, 이런 점이 지나치게 과제 집착적인 모습을 보이게 하거나, 자칫하면 완벽주의자가 될 위험도 있다. 그러니 아이답게 놀며 쉬는 것이 즐겁고 행복하다는 느낌을 제공해주는 것이 꼭 필요하다.

이 아이들은 놀이를 통해서도 성취적인 모습을 보이기도 한다. 즐겁기 위한 놀이가 아니라 이기기 위한 놀이로 변질될 수 있다. 그러니 함께 웃고, 즐기고, 이기든 지든 재미있는 것이 중요하다는 사실을 깨달을 수 있도록 도와주어야 한다.

"신나게 놀 줄 아는구나. 웃는 모습이 무척 멋있어. 네가 즐거워하는 걸 보니 엄마 아빠도 기뻐."

이렇게 아이다운 모습을 칭찬하고 강화해주는 것이 중요하다.

셋째, 다양한 방법을 경험하도록 도와주자.

성공할 때까지 열심히 과제를 수행하는 아이들이다. 그런데 자칫하면 자신이 성공한 방법만 고집하고 융통성과 유연성이 부족해질 위험이 있다. 그러니 한 가지 과제를 수행하는 방법이 다양할 수 있고, 모든 걸 잘해내지 않아도 그 과정을 경험하는 것도 의미가 있음을 깨닫도록 도와주는 일이 중요하다.

이럴 땐 다양한 생각을 할 수 있는 놀이가 필요하다. 연필, 지우개, 메모지, 볼펜, 작은 인형, 클립, 동전, 머리핀, 사탕, 단추 등 여러 가지 물건 10가지를 앞에 두고 분류하기 놀이를 해보자. 색깔로 분류할 수도 있고, 활용하는 방법에 따라 분류할 수도 있고, 물리적 성질에 따라, 혹은 각 물건의 주인이 누구인지에 따라 분류할 수도 있다.

하나만 정답이 아니라 그 기준에 따라 정답이 달라질 수 있다는 유연한 사고를 할 수 있도록 도와주어야 한다. 이런 과정을 통해 아이는 보다 자유로운 마음으로 자신의 성취를 위해 노력하고 성공하는 경험으로 성장하게 될 것이다.

100명이면 100가지 기질

우리 아이의 기질에 대하여 좀 더 깊이 생각하는 시간을 가졌으면 좋겠다. 기질은 그 자체만으로 평가되지 않는다. 사회 문화적 환경에 따라 아이의 기질이 좋게 보이기도 하고 나쁘게 보이기도 한다는 점을 기억해야 한다.

아이의 기질을 보는 시각은 가장 먼저 각 기질의 특성의 장점을 찾아볼 줄 아는 것이고, 혹시 과하게 나타나 조절력이 부족하다면 그 능력을 키워주는 데 초점을 맞춰야 한다. 다시 말하지만 기질은 아무리 잔소리하고 혼낸다고 해서 달라지지 않는다. 각각의 기질마다 강점을 키우는 일이 먼저이고, 그다음에 조금씩 부족한 부분을 보완해가야 한다는 점을 기억하면 좋겠다.

·

·

대화

말이 달라지면
기적 같은 변화가 생긴다

아이를 키우며
가장 힘든 것

한발 앞서는 엄마의 걱정

한 살 아기부터 고등학생 자녀까지 부모는 늘 아이를 키우는 것에 관한 고민을 말한다. 유아기에는 자주 우는 행동부터 편식 문제, 잠을 늦게 자거나, TV를 보겠다거나 떼를 많이 쓰거나 때리고 던지는 행동들이 주로 많다. 초등학교 시기에는 공부와 숙제하기를 싫어하고 친구들과 잘 어울리지 못하거나 따돌림을 당하는 문제로 고민한다. 청소년 시기가 되면 이런 문제들이 해결되지 못한 채 시간이 흘러 심각성이 높아져 있다. 공부는 아예 손을 놓았고, 일탈 행동의 정도가 너무 심해져 성인 범죄 행동과 유사한 행동들까지도 나타난다.

이렇게 아이가 성장하면서 보여주는 문제 행동들에 대해 부모가 걱정하는 수준은 유아기나 청소년기나 비슷하다. 객관적으로는 유아기와 청소년기의 문제 행동의 심각성은 정도의 차이가 매우 크다. 그런데 그런 문제를 하소연하는 부모들의 걱정과 불안 수준은 처음부터 거의 비슷하다. 각각의 시점에서 항상 가장 높은 수준의 걱정과 불안을 느낀다. 지나고 보면 별문제 아니었는데 그 당시엔 아이의 어긋나는 행동 하나하나에 지나치게 걱정하고 불안해하는 것이다.

한 가지 다른 점이 있다면 부모가 원하는 대로 자라줄 거라는 기대치의 변화다. 아이가 어릴 적엔 부모의 꿈도 부풀어 있다. 사랑스런 우리 아이가 남보다 더 멋지고 능력 있는 존재로 자랄 거라 기대한다. 하지만 성적으로 줄 세우는 안타까운 현실은 모든 부모의 바람을 채워주지 못한다. 그러니 청소년기가 되면 그 좌절에서 오는 아픔이 부모를 더더욱 힘겹게 한다.

우리 애만 그런 것이 아니다

아이 키우는 일이 좀 더 즐겁고 뿌듯하고 행복하고 감사함으로 채워질 수 없을까? 프랑스, 영국, 핀란드, 스위스 육아법을 비롯해 유대인의 육아법에는 대부분 아이를 여유롭고 행복하게, 그러면서도 아이의 잠재력을 잘 키울 수 있는 방법이 있다고 입을 모은다.

서점에 가서 휙 둘러보기만 해도 자신만의 독특한 방법을 찾아 아이를 남부럽지 않게 아주 잘 키운 개인적 사례를 쓴 육아책도 심심찮게 보인다. 그렇다면 이제 우리는 좀 다른 생각을 해보아야겠다. 모두가 걱정과 불안에 매몰되어 남들 따라가느라 정신없을 때 거기서 벗어나 새로운 길을 찾아가는 부모가 되는 것이다.

그러기 위해 다른 사람의 육아 고민을 듣고 자신의 고민을 비교해보며 조금 다르게 생각하는 연습을 해야 한다. 왜냐하면 아이가 보이는 문제들이 우리 아이만 문제가 많아서 그런 것이 아니기 때문이다.

이는 보편적으로 성장 과정에서 나타나는 문제들인 경우가 대부분이다. 수많은 부모들이 호소하는 고민들 중 공통적으로 나타나는 고민들을 살펴보자.

"2살 아들이 식탐이 너무 많아요. 먹을 것만 보면 눈이 뒤집힌 것처럼 돌변해요. 전 전업맘이고, 친정과 시댁도 가까워서 사랑도 듬뿍 받고 자라는 아이라 정서 결핍도 없을 것 같은데 이러다 소아비만이 될까 걱정이에요. 어떻게 해야 아이 식탐이 줄어들 수 있을까요?"

"30개월 된 아들이에요. 아이가 자주 물건을 던지고 남을 때려요. 이런 아이는 원래 성격이 난폭한 건가요? 왜 그러는지 모르겠어요.

아이 심리와 개선 방법 좀 가르쳐주세요."

"'다 내 꺼!'를 입에 달고 사는 3살 딸이에요. 언니가 하는 건 무조건 다 뺏어야 결론이 나요."

"4살 아이가 욕심이 너무 많아서 걱정이에요. 장난감이나 음식이나 뭐든 나눠 먹으려 하면 울어버리고 절대 주지 않아요. 혹시 장난으로 그냥 가져가는 척하면 난리가 나요. 아직은 어려서 괜찮을지 모르겠지만 앞으로 더 심해질까 걱정이에요. 어떻게 고칠 수 있나요?"

"5세 남아인데 활달한 성격이고 장난이 과한 편이긴 해요. 작은 일에도 펄쩍 뛰면서 소리를 질러요. 아들은 장난으로 그러는데 친구들은 모두 괴롭힌다고 선생님께 이르는 상황이에요. 어떻게 해야 하나요?"

"5살 여자아이가 별일도 아닌 것에 자주 울어요. 달래도 한참을 훌쩍여서 너무 힘들어요."

"6살 여자아이에요. 친구들이 가지고 있거나 먹는 걸 보면 무조건 사달라고 떼를 써요. 딱 잘라서 안 된다고 하면 1시간이고 2시간이고 계속 울어요. 그러면 주변 어르신들이 모여들어 엄마인 저에게 뭐라 하죠. 이런 상황이 너무 힘들어요."

"7살 아들이에요. 아이가 여유롭고 꼼꼼한 건 좋지만 바쁜 시간에도 너무 느긋해서 아침마다 싸워요. 버스 시간 다 되어도 장난감을 가지고 꼼지락거리고 있어요. 아무리 빨리하라고 해도 움직이

질 않아요. 결국 소리 지르고 혼내면 아이도 짜증을 내며 유치원에 갑니다. 아침마다 전쟁이에요. 효과적으로 혼내는 방법 좀 알려주세요."

"3세, 5세 형제를 키워요. 동생이 형 장난감을 자꾸 건드리고 형은 동생을 때려요. 동생 우는 소리에 큰아이 먼저 혼내고 동생에게 형 장난감 만지지 말라고 타일러요. 그러면 큰아이가 자기만 혼낸다고 또 소리 지르며 웁니다. 어떻게 해야 하나요?"

"5살 남동생이 7살 누나에게 자꾸 우기고 때려요. 장난감을 던지기도 해요. 어떻게 하죠?"

"7살 딸, 6살 딸, 3살 아들 세 아이의 엄마예요. 둘째가 가운데 아이어서 그런지 집중력도 떨어지고 너무 산만해요. 유치원에서는 친구들을 자꾸 건드리고, 수업 시간에 소리도 지른다고 해요. 어떻게 해야 할까요?"

"초등 1학년 아이가 잠을 안 자고 밤 12시까지 계속 돌아다닙니다. 잠 안 자는 아이를 위한 그림책이나 놀이를 추천해주세요."

20년간 부모와 아이들을 상담하면서 부모의 고민들이 늘 반복되고 있음을 느낀다. 조금 다른 점은 이런 문제 행동이 시작되는 연령대가 점점 어려지고 있다는 것이다.

이 말은 지금까지 아이의 문제 행동에 부모가 대응한 방식들이 아이들의 마음을 더 팍팍하게 만들었다는 의미가 된다. 지금까지 하던 방법이 효과적이지 못했을 뿐만 아니라, 부작용이 생길 수 있다는 결론에 이른다.

부모 또한 이미 몸에 배인 습성이라 달라지기가 어렵겠지만 사랑하는 우리 아이가 계속 울고 떼쓰고 뒹굴고 집어던지고 때리는 행동을 하며 살기를 바라지 않는다면 보다 바람직한 육아 방법으로 바꾸어야 하는 건 틀림없다. 그렇다면 이제 부모가 어떻게 다르게 하면 우리 아이가 달라질 수 있을지 알아보자.

아이를 성장시키는
부모의 말

아이의 마음과 정신을 키우는 일은 모두 말로 해야 한다. 밥 잘 먹게 하는 말, 양치질 잘하고 정리 잘하게 하는 말, 숙제 잘하게 하고 책을 읽게 만드는 말, 형제들끼리 싸우지 않고 잘 지내게 하거나, 혹시 싸운다 해도 엄마 아빠의 말 한마디에 싸움을 멈추게 하는 말.

이런 말이 있다면 아이 키우는 일은 걱정이 없다. 아무리 어려운 문제가 생긴다 해도 아이가 부모 말 잘 듣고, 자기 할 일 잘하면 함께 똘똘 뭉쳐 어려움을 극복해갈 수 있다.

하지만, 우리는 아이의 마음을 움직이는 말을 잘 모른다. 그러니 지금까지 했던 대로 설명하고 설득하고 충고하고 훈계하고 그도 안 되면 협박하고 회유하고 매수하기까지 한다. 안타깝게도 그런 말을 쓸수록 아이의 심리 상태는 더더욱 나빠지고 커갈수록 문제 행동의 수준이 위험해진다. 이제 부모는 말을 제대로 배워야 한다.

대화의 필수 3종 세트는 해결 방법이 아니다

숙제가 힘든 아이, 친구와 사이가 나빠 속상한 아이, 시험 점수가 낮아 좌절하는 아이, 잘하는 게 없는 것 같아 스스로를 싫어하는 아이, 이런 아이들에게 필요한 부모의 말은 어떤 것일까?

좋은 말이 아이에게 중요하다는 걸 잘 아는 현명한 부모는 뭔가로 속상해하는 아이에게 공감하고 위로하고 격려하는 대화를 할 것이다.

친구들이 따돌려서 외롭고 슬픈 아이에게는 "속상하구나. 그래도 괜찮아. 언젠가 친구들이 네가 좋은 아이라는 걸 알고 다시 친구가 되어줄 거야. 모두 다 잘될 테니 걱정하지 마."라고 한다.

친구보다 시험 성적이 나빠 속상한 아이에게는 "많이 실망했구나. 괜찮아. 이 정도도 잘한 거야. 다음에 더 잘할 수 있어." 이렇게 말하기도 한다.

'공감하기, 위로하기, 격려하기' 아주 중요한 대화의 3종 세트이다. 그런데 어떤가? 이 말을 들은 아이가 위로가 되고 힘이 나는 걸 느낄 수 있는가? 안타깝게도 별로 그렇지 않다. 이상하게 이 대화들이 생각보다 힘이 없다.

부모가 노력해서 공감하고 위로하고 격려해주지만 정작 아이의 표정은 별 변화가 없다. 다만, 이렇게 말하는 부모님이 혼내지 않아서 다행이고 너무 고맙기는 하다. 하지만 친구에게 따돌림을 당해 힘든 마음은 조금도 줄어들지 않았고, 성적이 나빠 속상한 마음도 전혀 줄어들지 않는다. 한마디로 전혀 괜찮지가 않다. 이렇게 친절하게 따뜻하게 자신을 위로해주는 부모님께 죄송해서 더 괜찮지 않고 그저 이런 상황을 벗어나고 싶은 마음뿐이다.

"이 정도 대화면 좋은 대화 아닌가요?"라고 질문하고 싶다면 아이 입장이 되어 한번 생각해보자. 이 말을 듣고 나 자신이 괜찮다는 생각이 드는가? 시험 성적이 나빠도 괜찮은가? 친구가 나를 싫어한다는 생각이 들어도 괜찮다는 마음이 드는가? 전혀 괜찮지가 않다. 힘은 나는가? 그 또한 아니다. 다시 다가올 시험을 생각하면 그저 도망가고 싶은 생각밖에 들지 않는다. 언젠가 나를 좋아해주는 친구들이 나타날 거라는 희망도 없고, 나 자신이 친구에게 함께 놀자고 말을 걸 용기는 더더욱 나지 않는다.

정말 이상하다. 왜 대화 방법 중 가장 바람직하다고 말하는 공감과 위로와 격려가 아이 마음에 힘을 주지 못하는 걸까? 성인들에게 효과적인 대화를 아이라는 특수성을 감안하지 못하고 기계적으로 접목해서 그런 걸까? 중요한 건 지금까지 우리가 가장 효과적인 대화의 3종 세트라 불렀던 그 대화법이 아이 마음에 위로와 격려가

되지 않고 있다는 점이다.

이런 대화가 아주 무용지물은 아니다. 공부도 못하고 친구들과 사이좋게 지내지 못하는 모습에 대해 엄마 아빠가 화내고 혼낼까 봐 무서웠는데 이렇게 따뜻한 말로 다독여주니 눈물날 만큼 고맙다. 정말 정말 감사하다. 결국 이 대화들은 부모와 자녀의 관계를 좋게 하는 데는 도움이 되지만, 안타깝게도 아이의 마음과 행동의 변화에 닿지는 못하는 것이다.

이제 무엇이 우리 아이들을 이렇게 힘들게 몰아가고 있는지 알아야 한다. 그리고 대화의 3종 세트조차 효과가 없는 상황에서 어떤 대화가 우리 아이 마음을 진정시키고, 다시 밝고 예쁘고 사랑스러운 모습을 되찾게 하는지, 또 한 걸음 더 나아가 배우고 성장하는 길로 들어서게 할 수 있는지 알아야 한다.

일방적인 질문이 아닌 소통하는 대화를 하라

앞에서 말한 부모들의 고민들을 다시 한번 생각해보자. 아이들의 문제 행동을 나열해놓고 보면 그 핵심 원인은 대부분이 아이가 문제 행동을 할 때 겪는 소통의 어려움이라 여겨진다. 아이의 행동이 고쳐야 할 문제라고 인식되면 부모는 끊임없이 아이에게 "하지 마, 절대 안 돼. 이렇게 해야 해."라고 말을 했다. 하지만 안타깝게도 부모의 말은 아이의 마음에 가닿지 못하고 허공으로 사라져버린다.

달라지지 않고 점점 심해지는 아이의 행동이 어떤 말로도 진정되지 않는다면 잘못된 훈육으로 가기 전에 멈추고 생각해보아야 한다. 무엇이 문제인가? 부모인 나 자신이 아이에 대해 몰라서 그런가? 그렇다면 아이의 기질을 이해하는 과정으로 다시 돌아가야 한다. 우리 아이가 어떤 아이인지 이해했음에도 불구하고 막힌다면, 부모와 아이의 관계를 점검하고 아이 마음을 움직이는 대화 방법을 찾아야 한다. 즉, 부모는 아이를 이해하고 아이와 통하는 언어가 필요한 때라는 걸 깨달아야 한다.

아이와 부모의 소통이 잘되는 육아는 어떤 모습일까? 엄마들이 중요한 습관으로 생각하는 책 읽기를 예로 들어보자. 엄마가 "책 읽자."라고 할 때 아이가 기분 좋게 책을 읽는다면 부모도 참 기분 좋다. 육아가 이렇게만 흘러간다면 얼마나 좋을까. 그러나 "책 읽어야지."라는 말에 들은 척도 하지 않는다거나, 몇 장 들춰보다 딴짓하는 아이가 대부분이다. 이럴 때 부모가 원하는 독서 습관을 갖도록 만드는 방법은 없을까. 어떤 말을 해야 아이가 책을 즐겨 읽게 되는 것일까.

이런 상황에서 대부분의 엄마들이 찾는 방법은 시중에 유명한 독서 교육법을 배우는 것이다. 이를 통해 아이에게 읽힐 좋은 책에 대한 정보를 구하고 책을 읽으며 아이와 나눌 효과적인 대화법까지 배운다. 이때 대화법은 주로 아이가 책의 내용을 제대로 파악했는지 알아보는 방법이나, 아이가 내용을 이해할 수 있도록 돕는 방법에 관한 것이다. 효과적으로 혹은 재미있게 아이에게 책의 내용을 전달할 수 있는 방법을 알게 된 엄마는 아이와 책을 읽으며 혹은 아이가 책을 읽을 때 슬쩍 독서 교육법에서 배운 대화를 시도한다. 그런데 이상하게도 아이는 엄마의 대화 시도를 싫어한다. 혹시나 하는 마음에 아이가 싫어해도 두 번, 세 번 반복해서 책에 대해 이야기를 시도하자 오히려 엄마와 책 대화를 일체 거부하는 현상이 생긴다. 잘하려고 배운 것인데 부작용이 생기는 것이다.

어떤 말이든 아이가 싫어한다면 그건 좋은 말이 아니다. 그럼 도대체 어떻게 말해야 책을 읽을까. 방법이 없는 걸까. 아니다. 다음과 같이 아이에게 말한다면 아이는 놀라울 정도로 빠르게 책을 즐기게 될 것이다.

"책 읽는 모습이 너무 멋지다. 집중해서 잘 읽네. 책 읽는 모습을 보니 엄마도 책을 읽고 싶어졌어. 너무 멋있어서 사진 찍어서 엄마가 간직하고 싶어."

핵심은 책 내용이 아니라 책 읽는 아이의 태도를 칭찬하는 것이다. 한 엄마는 이 방법을 알려주었더니 다음 날 바로 성공했다며 자랑스럽게 말했다.

"진짜 신기했어요. 지금까진 아이가 혼자 책을 보기 시작하면 '무슨 책이야? 재미있어?' 이렇게 물었어요. 그런데 그러면 아이는 책을 그냥 내려놓고 다른 놀이를 했어요. 그런데 이번에 배운 대로 '책 보는 모습이 너무 멋지다. 사진 찍어서 아빠에게 보내주고 싶어. 사진 찍어도 돼?'라고 했더니 갑자기 아이가 더 열심히 책을 보는 거예요. 혼자서 30분을 계속 본 건 처음이에요."

이렇듯 아이의 마음을 움직여서 좀 더 바람직하게 행동하도록 이끄는 대화가 분명 있다. 이제 아이 마음에 힘을 주고 좋은 행동으로 이끄는 대화법을 자세히 살펴보자.

아이를 변화시키는
부모의 전문용어

세상이 변해도 변하지 않을 부모 자녀 간의 소통의 원칙은 무엇일까? 여기서 필자의 전작인 『엄마의 말공부』에서 강조한 5가지 '엄마의 전문용어'를 차용하여 설명하겠다. 설명에 앞서 '엄마의 전문용어'란 표현에 대해 다시 좀 더 명쾌하게 정의하는 것이 필요해 보인다.

'엄마의 말'이라 한정을 지은 것은 육아서의 독자가 대부분 엄마라는 사실과, 아이에게 엄마의 영향력이 매우 막강하다는 이유 때문이었다. 그런데 아빠들 대상의 강의를 가면 늘 받는 질문이 그럼 아빠는 아이에게 무슨 말을 해야 하는가였다.

아빠는 어떤 대화가 필요할까? 아빠와 엄마는 다르다. 엄마보다 훨씬 더 힘이 세고 통이 크고, 군대 생활을 비롯한 사회 생활을 더 많이 한 경우가 대부분이다. 엄마는 일상의 반복되는 생활을 챙기지만, 아빠는 엄마보다 아이를 만나는 시간이 부족한 탓에 엄마와 다른 대화가 필요하다. 하지만 아이에게 위로가 되고, 힘을 주고, 동기를 불러일으키고 더 나은 방법을 생각하게 하는 그 대화의 원칙은 똑같다. 그래서 '엄마의 전문용어'를 '부모의 전문용어'로 이름을 바꾸어야 한다는 생각이 들었다.

그럼 우선 부모의 대화 원칙에 대해 알아보자. 그 후에 아빠만의 대화법에 대해서 좀 더 알아보기로 하자.

대화가 달라지니 아이가 달라졌다

6살 시은이가 가장 자주 하는 말은 "싫어. 안 해. 싫다고." 이다. 뭐라 말해도 싫다는 말만 먼저 한다. 시은이 때문에 너무 지친 엄마는 어느 날 문득 아이가 얼마나 이 말을 자주 하는지 궁금해 계속 울며 떼쓰는 아이를 바라보며 숫자를 세기 시작했다. 그랬더니 세상에, 10분도 되기 전에 이미 싫다는 말이 100번을 채우고 있었다. 엄마는 궁금해졌다. 왜 아이는 이렇게 싫다는 말만 반복하게 되었을까? 아장아장 걷고 말 배우고 생글생글 웃는 모습에 행복했던 적도 있었던 것 같은데 기억이 가물가물한 자신을 돌아보며 어쩌다 이런 지경이 되었는지 짚어보기 시작했다.

오늘 아이가 울기 시작한 건 밥 먹다 일부러 숟가락을 떨어뜨리는 시은이를 엄마가 혼내면서부터였다. 아이가 좋아하는 건 햄과 계란이다. 하지만 그것만 먹일 수 없는 엄마는 토마토를 잘게 썰어 한입 먹이려고 했다. 하지만 시은이는 거부했다. 한 숟가락만 먹으면 좋아하는 햄을 주겠다고 말해도 소용없었다. 그렇게 실랑이를 하는 와중에 아이는 숟가락을 일부러 떨어뜨리고 엄마를 노려보았다. 그런 아이의 눈빛에 화가 난 엄마는 팔을 따끔하게 때려주며 화를 내었다. 시은이가 소리 지르며 울기 시작했다.

소중한 내 아이가 왜 점점 이렇게 되어가는지 엄마는 답답하고 화가 났다. 이런 모습으로 계속 자라서 사람들이 모두 우리 아이를 싫어하고 비난하게 될까 봐 겁이 난다. 애 키우는 일이 이렇게 힘든 일인 줄 알았으면 아이를 낳지 말걸 그랬다는 생각에까지 미치자 눈물이 울컥 쏟아졌다. 제발 이런 상황에서 벗어나고 싶다.

시은이네는 이제 지금까지와는 다른 대화가 필요하다. 엄마 아빠는 지금까지 자주 했던 말들을 멈추기로 했다. 그리고 부모의 전문용어 5가지를 숙지하고 활용하도록 연습했다.

부모의 전문용어 5가지

① "힘들었지. 힘들었구나. 힘들어 보여. 많이 힘들구나."

아이의 걱정과 불안을 알고 힘듦을 읽어주어야 한다.

② "이유가 있을 거야. 이유 없이 그럴 리가 없잖아. 이유를 말해줄 수

있겠니?"

어떤 행동을 해도 이유가 있음을 믿어주고, 따뜻하게 그 마음과 대
화를 나눠야 한다.

③ "좋은 뜻이 있었구나."

아이의 행동 속에 숨어 있는 긍정적 의도를 찾아야 한다.

④ "훌륭하구나."

아이가 갖고 태어난 강점을 찾아 자신감을 갖도록 알려주어야 한다.

⑤ "어떻게 하면 좋을까?"

다음엔 어떻게 하면 좋을지 질문해서 아이가 스스로 생각하게 한다.

물론 꼭 이 말만 해야 한다는 건 아니다. 이 말을 중심으로 가지
를 뻗어가면 된다. 중심이 잘 잡히면 거기서 조금 덧붙이는 건 어
렵지가 않다. 중심이 잘 잡혔다는 건 방향이 바르게 향한다는 것이
고, 방향만 올바르다면 느리고 빠른 건 중요하지 않다. 그러니 급한
마음 접어두고 천천히 걸음마 배우듯이 한 걸음씩 나아가자. 우리
는 걸음마 배우는 아이를 보며 한 걸음만 떼어도 손뼉 치며 기뻐했
었다. 바로 그 마음으로 한마디씩 하면 된다. 시은이는 엄마 아빠의
한마디 한마디에 아주 빠르게 반응했다.

"시은이가 속상했구나. 엄마가 네 마음을 몰라서 힘들었지. 미안

해. 네가 싫다고 한 건 이유가 있을 거야. 속상하면 울어야지. 실컷 울고 말하고 싶으면 말해줘. 엄마가 네 마음 알아주기 바랐구나. 우느라 너무 힘들었겠다. 엄마가 안아줄게."

이런 말로 아이는 점차 진정되기 시작했다. 이제 행동이 좀 더 달라지게 하기 위해서는 작은 행동 속에 숨어 있는 아이의 긍정적 의도를 찾아 소나기 퍼붓듯이 그 말에 흠뻑 젖게 하는 것이 중요하다.

"네가 웃으며 말하면 엄마는 기분이 좋아져. 퍼즐 맞출 때 눈이 반짝거려. 정말 열심히 하는구나. 생각하기를 좋아하는구나. 노래 부르는 소리가 듣기 좋아. 웃을 때 보조개가 생겨서 너무 예뻐."
"아빠 퇴근할 때 달려와서 안아줘서 아빠가 너무 행복해. 그림 선물 줘서 고마워. 잘 간직할게."

이런 말들이 시은이를 변화시켰다. 이것은 아이의 힘든 마음을 알아주고, 무슨 행동을 해도 이유가 있음을 믿어주고 물어봐주고, 마음속 보석같이 예쁜 긍정적 의도를 알아주고, 아이의 타고난 강점을 찾아 아이가 스스로 자각할 수 있도록 끊임없이 일깨워주고, 혹시 또 속상한 일이 있을 땐 어떻게 하면 좋을지 미리 이야기 나누는 과정이다. 신기하게도 아이들은 이런 대화에서 변화된다.

세상이 다 변해도 변하지 않을
소통의 원칙

문제 행동을 한다면 틀림없이 이유가 있다

아무리 문제 행동이라도 틀림없이 이유가 있다는 말을 했더니 어떤 엄마가 이렇게 말한다. "우리 아이는 정말 아무 이유 없이 동생을 때려요." 그 엄마는 자신의 말이 얼마나 무서운 말인지 모르고 계속 반복하고 있다.

사랑하는 내 아이가 아무 이유 없이 사람을 때리는 아이라고 믿다니 정말 무서운 일이다. 사람을 이유 없이 폭행하는 사람을 우리는 사이코패스라 부른다. 소중한 내 아이를 그런 사람으로 본다는 사실을 그 엄마는 모르고 있다. 부모가 아이를 어떤 사람으로 보는가는 매우 중요하다. 부모가 보는 대로 아이가 자라는 경우가 대부분이기 때문이다. 아이를 그런 시선으로 보고 있다면 아이는 그 원망감에 복수하듯 정말 그런 행동을 하게 될 위험이 너무 높다는 뜻이다.

이렇게 설명해도 아직도 아이가 그런 행동을 한 이유가 있었을 거라는 사실을 잘 믿지 않는다. 틀림없이 이유가 있을 거라 다시 강조해보지만, 아직 이 엄마는 자신이 얼마나 편협한 시각을 가지고 있는지 깨닫지 못했다. 최소한 아이에게 진심으로 물어볼 생각조차 하지 못하는 것이다. 그래서 어떤 상황에서 그렇게 믿게 되었는지 자세히 말해주기를 요청했다.

일요일 아침, 모처럼 평화로운 시간이었다고 한다. 아빠는 일이 있어 출근하였고, 큰아이는 늦잠을 자고 있다. 작은아이는 일찍 일어나 레고 놀이에 집중하고 있다. 엄마는 놀고 있는 둘째를 바라보며 모닝커피를 마시고 있었다. 바로 그때 큰아이가 깨서 방에서 나오자마자 바로 동생 뒤통수를 때리고 화장실로 갔다는 것이다. 그게 이유가 없는 게 아니고 무엇이냐며 목소리를 높인다. 아직도 최소한 아이에게 그 이유를 물어볼 마음조차 없는 엄마를 대신해 아이와 대화를 나누었다.

"일요일 아침에 동생 뒤통수를 건드렸다는 데 사실이야?"

아이는 맞다고 끄덕인다.

"네가 그렇게 한 건 이유가 있을 거야. 이유 없이 그랬을 리가 없잖

아. 이유를 말해줄 수 있겠어?"

이 말에 아이는 눈물이 핑 돈다.

"말 못 하고 있으면 마음이 너무 힘들어. 어린이는 속에 남기지 말고 다 말해야 하는 거야. 이제 말해보자."

"어젯밤에 흑흑, 동생 때문에 나만 혼나고 흑흑 그래서…."

전날 밤에 동생 때문에 형만 혼나고 억울한 마음으로 잠든 아이가 아침에 잠을 깼다. 문을 열고 나가니 엄마가 동생을 바라보며 반달눈으로 미소 짓고 있었다. 그 모습을 보니 화가 치밀었다고 말한다.

이래도 이유가 없는 걸까? 이렇게 짠한 아이 마음도 모르고 엄마는 아이가 이유 없이 사람을 때리는 이상한 아이라 말하며 외롭고 슬프게 만들고 있다. 이래서는 아이가 제대로 자라기 어렵다.

문제 행동 속 긍정 의도를 칭찬하라

비슷한 고민을 가진 또 다른 엄마는 아이의 모든 행동에는 긍정적 의도가 있다고 말하니 어떻게 때리는 데서 긍정적 의도를 찾을 수 있냐고 반문한다.

"큰아이가 동생을 때릴 때 어디를 때리나요?"

"팔이나 등을 때려요."

"얼굴이나 가슴을 때리지는 않네요. 왜 그럴까요?"

"그건 제가 늘 말했었거든요. 절대 얼굴이나 가슴은 때리면 안 된다고요."

"아! 그럼 아이는 때리는 순간에도 엄마의 말을 기억하고 지키려고 애를 썼네요. 어떻게 생각하세요?"

또 있다. 만약 큰아이가 동생을 때릴 때 자신의 힘을 모두 써서 힘껏 때렸다면 동생은 부상당할 수 있다. 그렇지 않고 그냥 밀치는 정도로 때리거나 여러 대 때리고 싶은 걸 한 대만 때리고 만다면 그 또한 더 때리지 않으려 노력하는 긍정적 의도가 숨어 있었다고 볼 수 있어야 한다.

물론 때리는 아이에게 "살살 때리려 애를 썼구나."라는 말이 너무 이상하게 들린다. 웃기는 개그 같기도 하다. 그럴 수밖에 없다. 들어본 적도 없고 입으로 말해보지도 않았으니 어색할 수밖에 없다. 하지만 마음을 가라앉히고 생각해보자. 이제 겨우 10살도 안 된 아이들이 이런 노력을 하고 있다는 사실을 아무도 알아주지 않으면 아이는 더 이상 그런 노력도 할 필요가 없다고 느끼게 된다. 왜 아이들의 문제 행동이 점점 더 심해지는지 그 이유가 바로 이 지점에 있는 것이다.

이런 말을 한다고 해서 엄마의 마음이 금방 달라지지는 않는다. 수십 년 살면서 문제 행동을 바라보는 고정 관념이 다른 시각에 관해 한 번 배운다고 해서 쉽게 변하는 건 어렵다. 하지만, 이렇게 한 번 두 번 조금씩 서서히 색다른 시선으로 아이의 행동을 바라보고 어떤 행동에도 아이 마음속 긍정적 의도가 있음을 찾아가기 시작한다면 변화의 씨앗은 바로 거기서부터 시작된다. 분명히 변할 수 있다.

약 10년 전쯤 긍정적 의도를 찾는 것이 변화의 핵심임을 깨닫고 부모와 교사, 상담사를 대상으로 한 강의를 할 때마다 실습하는 시간을 가졌다. 만약 두 아이가 싸우는데 큰아이가 팔을 들어 주먹을 쥔 채 동생에게 "너!"라고 소리 지르고 있다면 이 행동은 무엇을 하려는 것인지 질문했다. 모두가 단번에 때리려는 것임을 알았다.

이렇게 부정적 의도는 너무나 쉽게 알아차린다. 우리는 부정적인 것을 찾아내는 데는 무척 탁월함을 보인다. 이 또한 개인 탓은 아니다. 늘 잘못된 것을 지적하는 문화에서 우리 자신도 성장했기 때문이다.

이제 다르게 볼 차례이다. 다시 한번 생각해보자. 큰아이가 주먹을 쥔 채 동생에게 "너!"라고 소리 지르고 있다. 왜 주먹을 쥐고 바로 때리지 않았을까? 그 자세로 몇 초를 보내고 있는가? 화를 참지 못하고 100% 때리기로 마음먹는다면 단 1초도 머뭇거리지 않는다. 하지만 1초 이상을 정지 상태로 주먹을 쥐고 때릴까 말까 고민하고 있었다면 이는 화가 치밀어 오르는 상황에서도 그동안의 부모님의 가르침이 떠올라 때리지 않으려 애를 쓰는 것이다. 이 점이 바로 긍정적 의도이다.

재미있는 건 10년 전에는 이런 긍정적 의도를 알아차리는 부모가 거의 없었다. 그런데 이제는 똑같은 사례를 들어 찾아보라고 하면 약 20~30% 전후의 부모들이 쉽게 긍정적 의도를 알아차리고 표현한다. 정말 좋은 변화다. 육아 환경과 아이를 보는 시선이 좀 더 달라져 작은 행동 속에 숨어 있는 긍정적 의도가 대화의 중심이 되었으면 좋겠다. 이를 연습하면 어떤 모습으로 대화가 가능한지 사례를 살펴보자.

초등학교 4학년 아이가 학교에서 전화를 했다.

"엄마, 오늘 머리가 아파서 보건실에서 1시간 동안 누워 있었어요."

"많이 아팠어? 이제 괜찮아?"

"이젠 괜찮은데 오늘은 힘들어서 수학 학원 못 가겠어요. 내일 토요일에 보강 3시간도 가야 하니까 그럼 오늘은 학원에 안 가고 싶어요."

"많이 힘들었구나. 그럼 오늘은 쉬고 내일 수업을 열심히 하고 싶은 거야?"

"네. 오늘 쉬고 내일 열심히 하면 집중도 더 잘될 것 같아요."

"와! 그런 생각을 했어. 훌륭해. 원하는 대로 해. 오늘 엄마가 맛있는 간식 만들어놓을게."

엄마는 오늘 하루 공부는 쉬었지만, 아이가 다음 날 진짜 열심히 공부했다며 말의 힘을 깨달았다고 말해주었다.

올바른 대화는
관계 나무를 튼튼하게 키운다

부모와의 관계에 문제가 있거나, 엄마 아빠에게 자주 혼이 난 아이는 엄마 아빠를 떠올렸을 때 연상되는 감정 단어에 특징들이 있다. '고마워요'는 별로 나타나지 않는다. '지루해요, 심심해요' 심지어 어떤 아이는 '짜증나요, 걱정돼요, 긴장돼요, 불안해요'를 선택하기도 한다.

4살 아이가 상담실에 왔다. 소리 지르고 떼쓰고 친구를 때리고 심지어 어린이집 급식 시간에 식판을 들고 휘둘러 친구를 다치게 했다. 원장 선생님은 아이에게 치료가 필요하며, 좀 더 안정된 후에 다시 오기를 권유했다. 아이를 위하는 마음으로 친절하게 설명해 주셨지만 엄마 아빠의 속상함은 말로 다 표현할 수가 없다. 아이가 어린이집에서 쫓겨났다며 눈물을 글썽인다. 어린아이라 엄마 아빠와의 상호 작용과 그로 인해 쌓여가는 관계의 질이 아이 행동의 방향을 결정하고 있었다. 우선 엄마와의 대화가 어떻게 이루어지는지 살펴보았다.

아이가 상담실의 로비에 있는 키 작은 냉장고 문을 힘을 주어 여는 데 성공했다. 우유, 망고, 파인애플, 포도 주스들이 들어 있다. 아이는 씨익 웃으며 주스 팩을 하나씩 꺼내 가슴에 안는다. 하나, 둘, 셋. 이 모습을 보자 엄마는 아이를 열심히 말리기 시작한다.

"안 돼. 하나만 먹어. 더 꺼내지 마. 안 된다니까. 그만하라니까."

아이는 반복해서 말하는 엄마 말을 들은 척도 하지 않고, 하나씩 더 꺼낸다. 가슴에 안았던 주스가 떨어져도 아이는 그저 냉장고에 있는 주스를 꺼내 자기 팔에 안는 것에만 관심이 쏠려 있다. 엄마는 많이 당황스럽다. 로비에는 다른 사람들도 있으니 집에서 하던 대로 하지도 못하고 말로만 아이를 설득하려는데 아이는 전혀 듣지 않는다. 당황하는 엄마에게 내가 아이를 달래보겠다고 나섰다. 한쪽 무릎을 꿇고 아이 등을 살짝 다독이며 알아들을 수 있는 속도와 톤으로 천천히 말을 걸었다.

"태진아, 주스 많이 먹고 싶어?"
"응."

"와! 그렇구나. 선생님도 주스 좋아해. 태진이는 어떤 주스가 맛있어? (하나씩 짚어가며) 망고? 파인애플? 포도? 아니면 우유?"

태진이가 잠시 고민하더니 오른손으로 망고를 짚는다.

"와! 선생님도 망고 좋아해. 그런데 태진아, 주스는 한 개만 마실 수 있어. 한 개(손가락으로 표현하며). 우리 태진이 어느 거 마실 거야?"

그러자 아이는 나름 뭔가를 고민하듯 말똥말똥 나를 바라본다. 다시 한번 말해준다.

"한 개만 마실 수 있어. 한 개. 어느 거 마실 거야?"

그러자 태진이가 망고를 가리킨다.

"와! 맛있는 걸 선택했네. 그럼 다른 건 냉장고에 다시 넣어둘 수 있을까?"

태진이는 가슴에 안고 있던 주스를 하나씩 다시 냉장고에 넣기 시작했다. 그런 아이 옆에서 계속 감탄하고 칭찬해주었다. 망고 하나만 남기고 다 넣은 아이에게 이제 냉장고 문도 닫아보자고 말하니 아이는 자랑스러운 표정으로 냉장고 문을 힘차게 닫았다.

엄마의 말은 아이가 전혀 듣지 못했었다. 그런데 비슷한 시간과 노력을 들여 아이 귀에 들릴 수 있는 목소리 톤과 속도로 아이 마음을 읽어주고, 원칙을 알려주고, 잘하고 있음을 칭찬하자 아이는 기꺼이 규칙을 받아들이고 행동할 수 있었다.

제대로 된 대화는 이런 결과를 가져온다. 여러 개의 주스를 껴안고 욕심부리는 행동을 아무리 지적해봐야 아이는 더 집착하듯 욕심을 부릴 뿐이다. 그걸 가져야 만족스러울 것 같은 감정에 매몰되어 훈계하는 말은 귀에 들어오지 않는다. 계속 자기 옆에서 무서운 표정을 하고 잔소리하는 엄마가 밉고 원망스러울 뿐이다. 그래서 엄마를 사랑하지만 미워하는 양가적 감정에 혼란스러워진다. 어쩌면 태진이의 행동이 점점 과격해지고 어린이집에서 쫓겨나는 상황까지 간 것도 바로 그런 이유일지 모른다.

엄마는 지금까지 자신의 양육 방식이 이린 문제를 불러일으켰음을 알게 되었다. 그래서 마음 아프고 죄책감이 들고 괴로워 했다. 하지만 너무 부모 자신을 자책하지 않기 바란다. 아이의 잘못을 끊임없이 지적하고 따끔하게 혼내는 것이 아이를 잘 키우는 것이라는 잘못된 문화에서 부모 자신도 자랐기 때문이다.

부모와 아이의 상호 작용에서 아이의 마음이 달라지고, 아이가 스스로 자랑스럽고 당당하게 느낄 수 있는 대화가 있어야만 관계가 탄탄해진다. 그래서 혹시 살다가 힘겨운 일이 생긴다 해도 좋은 관계라면 아이는 부모님께 의논하며 실수와 실패가 오히려 배움이 되는 건강한 삶을 살아갈 수 있게 되는 것이다.

속도는 중요하지 않다. 방향이 중요하다. 올바른 육아의 길로 가고 있으면 남들보다 빨리 가고 느리게 가거나 좀 쉬었다 가는 것도 전혀 중요하지 않다. 인생은 마라톤이다. 42.195km의 마라톤에서 초반의 선두 그룹에서 우승자가 나오는 경우가 많지 않다. 처음엔 조금 느리듯 가더라도 자기 페이스를 잘 찾아 조절하는 사람이 스스로 만족스러운 결과를 얻게 되는 것이다.

아이들을 위한 심리치료 과정은 결국 아이의 마음을 움직이고 더 바람직한 행동을 선택하고 실천하도록 이끌어가는 과정이다. 그 길을 이끌어가는 힘은 좋은 말의 힘이다. 똑같은 상황에서도 아이들은 누군가의 말을 더 잘 듣는다. 그 사람은 누구이고, 어떤 말을 하는 걸까?

아이는 정말 부모의 말을 잘 듣고 싶다. 자신의 마음을 알아주고, 올바른 길로 자신을 키워주고, 잘못한 걸 깨달을 수 있는 말을 해주기를 바란다. 그래서 엄마 아빠의 품에 아무 거리낌 없이 안길 수 있고, 창피하고 부끄러운 일도 솔직하게 털어놓을 수 있는 그런 부모를 기다리고 있다. 정성껏 음식을 준비하고도 밥 먹는 아이 옆에서 잔소리를 하면 아이는 그 음식에 전혀 감사함을 느껴지 못한다. 좋은 관계가 전부이며 관계는 건강한 말로 이루어진다.

·

·

놀이

하루 2시간 신나게 놀아야
몸과 마음이 건강해진다

놀이가 즐겁지
않은 이유

과연 우리 아이는 잘 놀고 있을까? 요즘 아이의 놀이가 중요하다는
걸 모르는 부모는 없다. 육아 전문가들은 입을 모아 아이가 잘 놀면
자존감이 올라가고 사회성과 문제 해결력이 높아질 뿐 아니라, 창
의성이 좋아지고, 과제에 집중하는 힘까지 길러진다고 강조하고 또
강조한다. 하지만 그렇게 중요한 우리 아이들의 놀이가 과연 잘 이
루어지고 있는지는 의문이다. 2시간 이상을 놀이터에서 놀게 한 다
음 실랑이하는 부모와 아이의 대화를 들어보자.

"이제 그만 놀고 들어가야지 2시간이나 놀았잖아."
"아! 벌써? 조금 더 놀게요. 한 개도 못 놀았어요."

집에서는 어떤가? 한참을 TV를 보거나 게임을 한 아이에게 이제

많이 놀았으니 숙제하라고 말하면 아이는 또 제대로 못 놀았다고 투정부린다. 참 이상하다. 분명 충분히 놀 시간을 주었는데 아이는 왜 하나도 못 놀았다고 말하는 걸까? 물론 아이들의 놀이에 대한 욕구는 끝이 없고 잘 지치지도 않는다. 놀아도, 놀아도 더 놀고 싶은 게 아이들이다. 더 놀고 싶다는 마음은 이해가 되지만, 2시간이나 놀았는데도 하나도 놀지 못했다는 말은 이해가 되지 않는다. 더 놀고 싶어 억지를 부리는 걸까? 아니면 진심으로 아이는 놀지 못했다고 생각하는 걸까?

지금까지 논 것 아니냐고 되물어보면 아이들은 이렇게 대답한다.

"재미없어요. 심심해요. 지루해요. 같이 놀 애들이 없어요. 엄마가 못 하게 해서 못 놀았어요."

어떤 이유 때문인지 아이들은 놀이에서 기대한 즐거움이 채워지지 않았다는 것이고, 즐겁지 않았다는 느낌이 제대로 놀지 못했다는 말을 하게 만든다. 결국 아이들의 놀이는 놀이 시간을 허용하거나 놀이터에 나가는 것만으로 이루어지지 않는다는 의미가 된다.

왜 아이들이 놀이가 즐겁지 않게 되었을까? 그 원인을 알아야 우리 아이에게 꼭 필요한 놀이를 제공해줄 수 있을 것이다. 우선 아이들이 놀이가 즐겁지 않다고 느끼는 이유를 알아보자.

첫 번째 이유는 자유가 없이 관리받는 놀이가 되었기 때문이다.

집 안에서 놀 때 한계를 설정하는 건 당연한 일이다. 하지만 아이는 늘 부모의 규칙을 어기고 결국 혼나게 된다. 이상하게 놀이는 종종 혼내기와 짜증으로 마무리가 된다. 그렇다면 바깥 놀이는 어떤가? 사회가 안전하지 못하고, 아이들이 위험하다는 전반적인 위기의식은 아이의 안전에 대한 걱정이 커지게 만들었다. 아이의 소소한 행동 하나하나를 잘 지켜보아야 한다는 생각으로 똘똘 뭉친 엄마는 바깥 놀이에서도 아이를 관리하게 되었다. 우리 아이가 미끄럼틀이나 그네를 탈 때 부모인 내가 무심코 하는 말이 어떤 말인지 생각해보자.

"조심해. 계단으로 올라가. 거꾸로 올라가면 안 돼. 살살 타. 손잡이 잘 잡고. 그네 탈 때 조심해. 사람 있으면 조심해야 해. 누가 타고 있을 땐 가까이 가면 안 돼."

그야말로 아이의 일거수일투족을 참견하고 간섭한다. 모두 아이를 위한 거지만, 이래서야 놀이가 재미있을 수가 없다. 아이들이 왜 놀아도 놀지 못한 것 같은 느낌을 갖게 되는지 이해가 된다.

둘째, 놀이 친구가 없다.

예전에는 나가보면 늘 노는 아이들이 있어 그리 어렵지 않게 어울려 놀았다. 나보다 나이가 많고 적은 건 문제가 되지 않았다. 큰 아이들은 미끄럼틀을 거꾸로 올라가며 즐거워했고, 어린아이들은 거꾸로 올라오는 형 누나들의 가랑이 사이로 미끄러지며 터널을 통과하듯이 즐거워했다. 이제 놀이터에서 그런 그림들은 보기 어렵다. 중요한 이유는 미끄럼틀을 거꾸로 올라가는 아이들의 소소한 모험 행위를 허용하는 어른들이 없기 때문이다. "조심해, 위험해, 계단으로 올라가야지." 이런 말을 들은 아이들은 이제 미끄럼틀도 재미가 없고 놀이터가 재미가 없고 놀이가 재미없어진다. 이런 지적을 받는 아이들은 점점 놀이터에 오지 않고, 아이들은 놀 친구가 없어지는 것이다.

셋째, 놀이 종류가 제한적이다.

옛날에는 놀이의 종류도 다양했다. 아무런 도구가 없어도 닭싸움, 술래잡기. 숨바꼭질, 얼음땡을 하고 놀았고, 공 하나만 있으면 얼마든지 응용해서 놀 줄 알았다. 친구와 함께 잡기 놀이하며 달리는 재미는 그 무엇보다 행복했다. 하지만 지금은 이런 놀이를 놀 수 있는 환경이 되지 못한다. 이제 자연 발생적 놀이는 사라지고 인터넷과 게임으로 대체되고 있다. 원래 세상은 계속 변하니 예전의 놀이를 더 이상 할 수 없어도 아이들의 놀이는 또 그 사회에 맞게 적응되어 새로운 형태로 자연 발생적으로 나타나는 게 정상이다.

하지만 지금의 아이들은 그렇지 못하다. 처음부터 완제품 형태로 만들어진 장난감만 갖고 놀다 보니 일상의 물건들을 놀잇감으로 응용할 능력이 없다. 그래서 늘 엄마 옆에 붙어서 심심하다며 칭얼거리거나, 호시탐탐 스마트폰만 노린다. 혹시 이런 상황이라면 아이의 놀이 수준이 아직 스스로 놀이를 창조할 줄 모르는 단계에 머물러 있음을 인식해야 한다.

넷째, 놀이 친구를 만드는 것이 엄마의 능력이 되어버렸다.

심심한 아이가 엄마를 들볶기 시작한다.

"엄마, ○○엄마한테 카톡해봐. ○○이 놀 수 있는지."

"○○이 오늘 집안 행사 있다고 했어."

"그럼 △△이는?"

"△△이는 여행 갔잖아."

"그럼 □□ 엄마한테 전화해봐."

"□□엄마랑 엄마가 안 친해. 그렇게 놀자고 문자할 사이가 아니야. 그냥 책 읽으면서 놀면 되잖아."

유아기와 초등 저학년 아이들의 친구 사귀는 일은 아이의 사회성이 아니라, 엄마의 사회성에 좌우되는 현실이다. 엄마가 아이 친구 엄마에게 문자를 보내고, 그래서 엄마들끼리 약속이 잡히면 드디어 성사될 수 있는 게 바로 플레이 데이트이다. 이런 상황에서 엄마가 같은 반 엄마들을 제대로 사귀지 못한다면 이제 우리 아이는 친구들과의 놀이에 어울리기 어렵게 된다.

즐거운 놀이를 방해하는 요소가 너무 많다. 올바른 육아관을 가지고, 아이에게 놀이가 밥만큼이나 필수 요소임을 잘 인식하고 있어도 그런 부모의 소신을 지키기 힘든 현실이다. 그럴수록 부모는 아이의 놀이에 대해 제대로 이해하고, 잘 놀 수 있도록 도와주는 역할을 해야 한다. 잘 놀아주는 부모가 되기 위해 우선 어떤 점이 어려운지 찬찬히 살펴보자.

부모가
놀아주기 힘든 이유

예전의 놀이는 부모가 놀아주는 게 아니라 동네 아이들과의 놀이였다. 부모가 놀아준 기억이 없는 지금 현재의 부모는 아이와 어떻게 노는지 배운 바가 없다는 말이다. 그러니 함께 놀아도 뭔지 모르게 삐거덕거리고 아이가 즐거워하지 않는 모습으로 끝이 나는 경우가 많다. 부모는 놀이가 힘들게 느껴질 뿐이다.

게다가 놀이의 종류도 너무 달라졌다. 부모는 자신의 유년기 시절의 놀이를 기억한다. 그 놀이들을 지금 내 아이와 할 수 있는지 잠시 생각해보자. 환경이 너무 다르니 놀아주기 어렵다. 물론 어쩌다 한 번 정도 마음먹고 논다면 놀아줄 수 있겠지만, 날마다 놀아주기를 바라는 아이의 놀이 욕구를 채우기가 어렵다.

바깥 놀이를 하면 그나마 아이들은 즐겁다. 하지만 사회가 불안해지면서 부모가 아이의 바깥 놀이를 쉽게 허용하지 못한다. 너무 많은 자동차와 미세먼지와 바이러스의 공격과 뉴스에서 하루 걸러 보도되는 내용은 놀이터에 아이들만 내보냈다가 무슨 일이 벌어질 지 모른다는 불안을 갖게 했다. 그래서 엄마 아빠는 바쁜 일과 속에 또 아이들 바깥 놀이를 위한 시간까지 비워두어야 한다. 쉽지 않은 일이다. 그래서 가능하면 집 안에서 조용하고 얌전하게 놀기를 바라는 마음을 갖게 된다.

이제 아이들의 놀이는 바깥 놀이가 아닌 실내 놀이로 그 성격이 달라지고 있다. 부모가 친구 자리를 대신해서 함께 놀이 친구가 되어주어야 하는 현실이다. 그런데 아이와 실내에서 뛰지 않고 조용히 놀 수 있는 놀이에 대한 정보가 별로 없다.

지금 부모에게 새롭게 요구되는 능력은 진짜 놀이를 할 줄 아는 능력이다. '놀아주지 말고 같이 놀아라.'라는 말이 부모를 더 괴롭힌다. 놀이는 비슷한 이해도를 가진 사람들이 서로 마음을 주고받으며 즐길 수 있어야 한다. 하지만 부모와 아이는 그 간극이 크다. 그래서 부모가 승부욕이 생겨 열심히 놀다 이겨버리면 아이는 부모가 이겼다고 짜증을 낸다. 아이가 실망하고 화내는 게 싫어 은근슬쩍 져주면 또 져주는 게 싫다고 칭얼거린다. 결국 놀아주기와 놀기의 경계를 적절하게 밀고 당기는 것 또한 고도의 상호작용 기술이 필요한 것이다. 그러니 놀아주라는 말도 놀라는 말도 모두 부모에게 부담스럽기는 마찬가지이다.

이런 현실에서 이젠 키즈카페가 아이들의 놀이를 대신하는 세상이 되었다. 너무 재미있는 환경으로 구성된, 그래서 마음껏 뛰어놀수 있고 신기한 체험도 할 수 있는 키즈카페는 아이들의 천국으로 여겨진다. 부모도 한시름 놓고 안심하며 여유를 즐길 수 있다. 그렇다면 그곳에서는 과연 제대로 된 놀이가 이루어지고 있을까?

혹자는 키즈카페에서의 놀이는 사람이 아니라 놀이기구와의 놀이라 말한다. 아이들의 호기심을 살 만한 놀이기구로 가득 찬 그곳에서는 정신없이 이것저것 체험하러 뛰어다니지만, 함께 같이 어울리며 친구랑 노는 놀이가 아니라는 말이다. 아이가 그곳에서도 친구와 함께 어울리지 못한다면 사회적 상호 작용의 기본이 되는 진짜 놀이는 제대로 이루어지지 못하고 있다는 의미이다. 게다가 드는 비용도 만만치가 않고, 매일 갈 수도 없다.

지금의 부모의 역할이 힘든 이유는 예전의 우리 부모님들이 나를 키울 때 하지 않았던, 그래서 제대로 배우지 못했기에 어려운 것이다. 우리는 인지 수준이 하늘과 땅 차이가 나고, 몸의 기능도 떨어지는 어린아이와 노는 기술은 배우지 못했다. 그러니 부모의 마음은 굴뚝같아도 제대로 아이와 놀아주기가 어려울 수밖에 없다. 그렇다고 아이의 놀이를 이렇게 흘러가는 대로 방치할 수는 없다. 여전히 아이들은 진짜 놀이를 갈급하고 있다. 이제 제대로 된 놀이가 어떤 놀이인지 알아보자.

아이에게
어떤 놀이가 필요할까

도대체 놀이란 무엇일까? 국어사전에는 '여럿이 모여 즐겁게 노는 일이나 활동'이라 설명하고 있고, 백과사전에는 '생존에 관계되는 활동을 제외하고 일과 대립되는 개념을 가진 활동'이라 말한다. 그렇다면 놀이는 일과 생존 활동이 아닌 즐겁게 노는 활동이라는 말이다.

여기서 조금 의아한 생각이 든다. 어른들에게는 일과 놀이가 별개의 것이 맞는 것 같다. 하지만 과연 아이들에게도 일과 놀이를 구분해서 가르쳐야 하는지는 의문이다. 흔히 학생들에게는 공부가 일이라 말을 한다. 그렇게 생각한다면 공부는 놀이가 아니라는 말이 된다. 과연 이 말에 동의해야만 할까? 아이에게는 공부와 놀이를 별개의 것으로 인식하게 하는 건 바람직하지 않다. 다음과 같이 백과사전에서 설명한 정의가 아이들의 일과 놀이에서는 타당하게 여겨진다.

> 아이들의 활동에는 일(공부)과 놀이의 구분이 없으며, 놀이 활동을 통해서 새로운 기능을 얻고 사회의 습관을 익혀서 일(공부)을 할 수 있게 된다.

　그렇다면 아이의 놀이와 공부에 대한 개념을 명확히 정리해야 앞으로 어떤 원칙으로 놀아주어야 할지 결정할 수 있을 것이다. 많은 부모들이 초등학생 이후의 자녀에게 놀이와 공부는 다르다고, 놀기만 하면 안 된다고, 놀지 말고 공부해야 한다고 가르친다. 하지만 안타깝게도 이렇게 가르치기 시작하면 아이에게 공부는 피하고 싶은 대상이 되고, 놀이는 늘 갈망하는 목표가 되어버린다.
　즐겁지 않은 것을 의지와 인내로 버티게 하는 것은 어른들도 힘겨운 일이다. 우리 아이에게는 즐겁게 노는 것이 곧 배우는 것이고, 그런 과정이 곧 진정한 공부의 과정임을 깨닫도록 도와주어야 한다. 결국 부모는 아이가 즐겁게 놀며 배우도록 노력해야 한다. 아이가 배우고 익히는 모든 것이 놀이에 속한다는 개념으로 이해하는 것이 중요하다.
　미국의 한 중학교 물리 시간에는 놀이공원에 가서 놀이기구를 타며 물리학의 원리를 설명한다고 했다. 아이들은 신나게 놀이기구를 탔고 중간 시간에 잠시 선생님은 놀이기구에 관한 물리적 원리를 설명하신다. 과연 이 시간은 놀이 시간인가? 공부 시간인가? 놀이 속에서 공부가 이루어질 수 있음을 확인할 수 있다. 그렇게 놀면서 원리를 공부하는 것이 아이들에게는 훨씬 더 강렬한 배움이 된다.

물론 놀이를 빙자해 공부를 가르치는 것에 대한 비판적 시각도 매우 팽팽하다. 그건 놀이의 가장 중요한 속성인 재미를 간과해서 나타나는 현상이다. 아이는 재미없고 지루하고 짜증이 나는데 엄마는 놀이를 통해 가르쳐야 한다는 지나친 과욕으로 놀이에서 가장 중요한 재미를 놓치기 때문이다. 재미없는 건 놀이도 아니고, 공부 효과도 얻지 못한다. 재미가 없으면 아이는 배우지 못한다는 사실을 기억해야 한다.

반대의 경우도 생각해보자. 지나친 교육열로 아이들의 삶이 파괴되는 걸 걱정하는 시선을 가진 부모는 '공부 못해도 좋다. 밝고 튼튼하게만 자라다오.'라 말한다. 이 또한 조금 우려가 된다. 배우고 싶은 아이의 열망을 무시하는 경향도 걱정스러운 모습이다.

아이는 잘 자라고 싶다. 마음껏 놀아서 정서적으로도 안정되고 만족스러워야 하며 동시에 자신이 잘 배워서 잘하는 사람이 되고 싶은 인지 발달에 대한 욕구도 채워져야 한다.

정서 발달과 인지 발달이 균형을 이루지 않으면 아이의 마음과

정신은 건강하게 자라기 어렵다. 고른 영양분을 섭취해야 건강하게 자라듯이 아이의 마음도 균형 발달이 매우 중요하다. 그러니 놀이와 공부가 하나임을 알고 놀며 가르쳐야 하고 가르치며 놀아야 한다.

조금 어려운 인지적 과제도 아이가 재미있어 한다면 그 아이에겐 훌륭한 놀이가 된다.

놀면서 배우고,
배우면서 신나게 노는 아이

5살 민호는 유치원 가는 게 무척 힘들다. 아침에 갈 때마다 심하게 울고 버스를 안 타려고 한다. 엄마는 아이를 혼내다 소리 지르고 어떨 땐 아이 등을 때린 적도 있다. 이렇게 3월 한 달을 보내고 엄마는 너무 힘이 들어 차라리 몇 달 쉬었다가 2학기에 보낼까 생각도 해보았지만, 정작 유치원에서는 잘 논다고 하니 헷갈린다.

민호는 부끄러움도 많이 타고 낯선 사람이나 낯선 상황에선 겁을 낸다. 친구에게 못생겼다는 말을 들은 후부터는 자기 얼굴이 마음에 안 든다며 얼굴을 때리기도 한다. 2살 터울의 여동생과는 종일 싸운다. 달래기도 하고 떼어놓기도 해보지만 소용이 없다. 동생이 없어져버렸으면 좋겠다는 말을 하기도 해서 엄마는 정말 난감하다. 그렇다고 민호가 마냥 문제투성이는 아니다. 마음이 편할 때는 웃고 장난치는 것을 좋아한다. 하지만 이런 행동은 아주 잠깐이고, 종일 민호가 짜증내고 투정부리는 통에 아이 키우는 게 너무 힘이 들 뿐이다.

놀던 거 마저 놀고 다른 거 놀아야지

민호에게는 왜 이런 현상이 생겼을까? 이럴 땐 아이와 놀아보면 심리적 상황을 쉽게 이해할 수 있다. 놀이방에서 민호는 낚시 놀이를 선택했다. 민호는 웃지도 않고 열심히 물고기를 낚시한다. 잘 잡으려고 낚싯줄을 손으로 잡고 움직이는 물고기 입속으로 타이밍을 맞추어 낚시 고리를 넣어 건져낸다. 그 모습은 매우 진지하고 집중하는 모습이다. 그리고 물고기를 한 마리씩 잡을 때마다 몇 마리를 잡았는지 숫자를 센다. 하나, 둘, 셋, 다섯, 일곱. 아직 서툴지만 매번 숫자를 센다.

"와, 민호는 숫자도 잘 세네."

칭찬해주었다. 민호에게 숫자를 세는 일은 분명히 놀이의 일부로 여겨졌다. 민호가 긍정적인 피드백을 받았을 때의 놀이 모습을 관찰하고 난 다음 엄마를 불러 민호와 노는 모습을 관찰해보았다. 엄마의 놀이는 지금까지 아이와 어떻게 놀았는지를 확연히 보여주었다.

"낚싯대를 이렇게 잡아야지. 지금 당겨, 아니 그렇게 낚싯대 흔들지 말고!"
이런 엄마의 말을 몇 마디 듣더니 민호의 놀이 태도가 확연히 달라졌다. 낚시에 흥미를 잃고 또 다른 놀잇감에 시선을 준다. 그러자 엄마는 "놀던 거 마저 해야지. 끝까지 다 잡고 다른 거 놀아야지."라고 했다.

엄마의 놀이 대화가 아이의 놀이를 방해했다. 왜 민호가 짜증이 많아지는지 이해가 되기 시작한다. 엄마는 잘 가르치고 싶은 욕심이 앞서 놀이에서 지적하고 지시하는 일에만 집중하고 있다. 아이가 지금 재미있어 하는지, 아이의 표정이 어떻게 달라지는지 전혀 보지 못하고 있다.

두 번째 놀이 시간에는 민호가 50조각 퍼즐을 맞추기 시작했다. 어려워도 한참을 맞지 않는 조각을 들고 고민하다 실패하기를 반복한다. 맞는 조각을 찾아 고민할 때 "한번 돌려볼까?"라는 말에 민호는 잘 듣고 지시대로 따라 한다. "선생님이 돌려보라고 말했는데 들어줘서 고마워." 이렇게 그 행동을 지지했고, 조각을 맞출 때마다 "와! 맞췄다. 어떻게 이렇게 잘 찾았어?"라 칭찬해주었다. 이렇게 한 조각씩 천천히 약 20분 동안 집중해서 열심히 맞추었고, 드디어 완성했다. 만족스럽고 뿌듯한 민호의 두 눈이 미소와 함께 반짝인다. 그러더니 또 하고 싶다며 다른 퍼즐을 골라 맞추기 시작한다. 그렇게 50분 내내 퍼즐을 맞추며 놀았고 민호는 행복한 표정을 지었다.

너랑 노는 게 정말 재미있어

세 번째 시간에는 오다가 차에서 잠이 들었는지 민호의 표정이 아직 얼떨떨하다. 그런 아이에게 엄마는 억지로 인사를 시켰다. 민호는 짜증을 내며 인사를 하지 않았다. 잠이 덜 깼으니 제대로 할 리가 없다. 계속 인사하라고 잔소리하는 엄마를 멈추게 하고 민호에게 말했다.

"잠깐만요. 인사는 하고 싶을 때 하는 거예요. 민호가 지금 인사하고 싶지 않은가 봐요. 그래?"

민호는 고개를 끄덕이더니 놀이방으로 먼저 들어간다. '인사는 하고 싶지 않지만, 지금 놀고 싶어요.'라고 마음을 전하고 있다.

민호는 지난주 자신이 완성했던 퍼즐을 가리키며 "나 이거 할 수 있는데."라고 말한다.

"그럼 할 수 있지. 네가 지난주에 멋지게 완성했잖아."

이 정도의 말에도 기분이 풀린 민호는 상담자가 블라인드를 올리려고 하자 "내가 할래요."라 말했고 허락해주었다. 꼼꼼하게 블라인드 줄을 당기는 모습을 보며 "와! 조심스럽게 꼼꼼하게 잘하네."라고 칭찬해주었다. 갑자기 "나, 선생님이랑 색칠하고 싶은데."라고 말한다. "와! 말해줘서 고마워. 선생님이랑 하고 싶다고 해서 너무 기뻐."

이제 민호와 함께 앉아 색칠을 하며 혼잣말처럼 작은 소리로 "민호랑 노는 거 재밌다."라고 말했다. 아이가 갑자기 색칠하기를 멈추고 두 눈을 동그랗게 뜨고 나를 쳐다본다.

"나랑 노는 게 재미있어?"
"응. 완전 재미있지. 민호랑 노는 거 정말 재미있어."
"정말?"
"그럼 정말이지."
"그래, 놀아."

민호의 질문이 한참 동안 마음에 남았다. '나랑 노는 게 재미있어?' 어쩌면 아이는 엄마랑 놀 때마다 잔소리를 들어야 했고, 잘못을 지적받아야 했다. 노는 것도 아니었고, 배운 것도 아니었고, 그저 혼나는 거였다. 분명히 노는 시간이었는데 노는 게 아니라 자신이 뭔가를 잘못했다는 생각만 남는 것이었다. 그런 과정에서 민호는 자신이 잘 놀 줄 모르는 아이, 사람들이 함께 놀기 싫어하는 아이라는 잘못된 자기 이미지를 만들게 되었던 것이다. 그랬던 아이가 자신과 노는 게 너무 재미있다고 말하는 선생님과 함께 놀면서 진짜 놀이의 즐거움을 찾기 시작했을 뿐 아니라 자신에 대한 인식도 달라지기 시작한 것이다.

자기효능감을 높이는 놀이

아이는 점점 열심히 놀았고, 놀이에 몰입하면서 때로는 소리 니어 웃기도 하고, 의욕을 불태우며 집중하는 모습을 보였다. 이런 모습이 바로 진짜 노는 모습이다. 또한 뭔가를 배우는 시간이다. 아이는 퍼즐을 맞추면서 정서적으로는 안정감을 얻고 자신이 뭔가를 잘해낼 수 있다는 자기효능감을 높여 갔으며 자신감과 자존감을 키우는 과정이 되었다. 인지적으로는 관찰력과 집중력, 시각 운동 협응력을 발달시켜 나갔다. 놀이가 끝나고 집으로 돌아갈 때 민호는 아주 큰소리로 씩씩하게 인사한다.

"안녕히 계세요. 또 올게요!"

그렇게 일주일에 한 번씩 민호와 놀기 시작하자 엄마는 집에서 민호가 달라진 모습에 대해 말했다.

"손님이 와도 인사도 안 하고 숨기만 하던 아이가 큰 소리로 "안녕하세요."라고 인사했어요. 엄마가 동생 돌볼 때마다 와서 동생 밀어내고 심술을 부렸는데 이젠 엄마가 동생 살펴볼 때도 투정을 안 부리고 자기가 하던 걸 계속해요. 엄마가 잠깐 쓰레기 버리러 가는 것도 못 참고 울었는데, 며칠 전에 아빠에게 맡겨두고 종일 외출했는데도 울지도 않고 잘 갔다 오라고 했어요. 갑자기 왜 이렇게 달라지는지 신기해요."

아이의 진짜 놀이는 이런 현상을 불러일으킨다. 생각해보면 너무 당연하다. 우리 자신의 유년기를 한번 기억해보자. 예전에는 분리불안을 보인 아이가 거의 없었다. 엄마와 떨어지지 못해 유치원이나 학교 앞에서 울던 아이는 별로 보이지 않았다. 왜 요즘 이런 증상을 보이는 아이들이 많아지고 있는지 그 이유를 아이의 놀이가 건강하지 못한 데서 찾아볼 수 있다. 일주일에 한 번, 1시간 씩만 즐겁게 놀았는데도 문제 행동이 확연히 줄어드는 걸 보니 그렇게 짐작해보는 것도 절대 무리가 아니다.

어떤 놀이를
어떻게 놀아야 할까

『하루 10분, 엄마 놀이』에서 종이와 연필만 있으면 놀 수 있는 방법 50가지를 소개했다. 그 놀이를 배운 부모와 교사들은 무척 반가워했다.

종이를 아이 발 크기로 잘라 스키처럼 바닥에 대고 밀면서 목표점에 먼저 가는 시합을 했는데 아이가 재미있어 했고, 처음에는 그리기 싫어하던 아이가 종이 스키에 공룡과 별을 그려 계속 놀았다고 한다. 또 종이 한 장을 누가 더 길게 찢는지 내기를 하며 두 손으로 꼼꼼하게 종이를 가늘고 길게 자르며 비교하는데 자로 길이를 재기도 하고 자기가 더 길게 자를 거라며 또다시 종이를 더 가늘게 자르는 모습에서 이런 걸로도 아이와 재미있게 놀 수 있다는 사실을 처음 깨달았다고 말했다. 종이와 연필만으로 숫자 빙고 놀이를 진행하며 신나게 논 아이는 꽤나 머리를 쓰는 놀이임에도 불구하고 계속 새로운 방법을 떠올려 응용하며 30분도 넘게 수 놀이를 했다며 감사의 말을 전했다.

한 워킹맘은 퇴근 후 놀이가 너무 힘겨웠는데 별로 힘도 들지 않고 아이가 너무 재미있어 하니 정말 신기하다고 했다. 아이는 오늘 진짜 많이 놀았다며 만족스럽게 잠이 들었고, 치워야 할 건 종이 몇 장 뿐이라 치우기도 수월했다며 더 만족스러워했다. 이런 정도라면 일하며 아이 키울 수 있겠다며 이런 놀이를 알려줘서 눈물 나게 고맙다는 말도 들었다.

소년원 심리 상담을 진행하는 한 상담자는 고민을 털어놨다. 무기력하거나 공격성을 보이며 제대로 이야기를 꺼내지 않는 수감 청소년들과 상담할 때 뭔가 놀이를 하면 좋겠다는 생각을 하지만, 아무런 도구를 가지고 들어갈 수 없기 때문에 놀지도 못해서 상담 진행이 무척 어렵다고 했다. 그에게 종이만으로 놀 수 있는 방법을 알려주자 가뭄에 단비 만난 듯 반가워했다. 실제로 그는 소년원 상담 현장에서 종이 놀이를 하며 마치 어린아이처럼 웃기 시작하는 수감자를 보게 되었으며 그 후로 마음을 열고 상담을 잘 진행할 수 있었다는 이야기를 전해주었다.

이런 이야기에 참 감사하지만 한편으로는 마음이 아프다. 많은 사람들이 이 정도의 놀이를 몰라서, 어떻게 노는지 몰라서 힘겨움이 너무 컸으니 말이다. 이렇게 제대로 된 놀이는 어떤 경우에든 함께 노는 부모와 아이 모두의 마음을 열고, 새로운 에너지를 만들게 하고, 뭔가 삶에 대한 희망과 기대를 하도록 에너지를 되살려주는 것이 틀림없다.

사실, 놀이의 성공은 어떤 상호 작용을 하는가에 달려 있다. 아무런 도구 없이 손가락 세기를 하면서도 즐겁게 놀 수가 있고, 아무리 비싸고 효과적인 교구라 해도 제대로 된 상호 작용이 없으면 그저 아이에게는 짜증을 유발하는 귀찮은 존재가 되어버릴 뿐이다. 어떤 놀이를 어떻게 놀아야 하는지 그 원칙을 정리해보자.

첫째, 간단할수록 좋은 놀잇감이다.

비싼 놀잇감이 중요하지 않다. 과거 우리는 아무것도 없이 놀러 나가 돌멩이를 주워서 공기 놀이를 했고, 나무 막대를 주워 땅에 선을 긋고 사방치기 놀이를 했으며, 놀이 친구들이 좀 더 모였다 싶으면 숨바꼭질을 하고 얼음땡을 하며 놀았다. 아무것도 없는 무에서 유를 창조하는 놀이를 할 줄 알았다. 환경은 달라졌지만 그런 놀이 능력은 전수해야 한다.

우선 완제품의 장난감이 아니라 소소한 생활용품이 얼마든지 훌륭한 놀잇감이 된다는 원칙을 마음에 강하게 각인시켜야 한다. 비싼 장난감을 사주어야 아이를 사랑하는 게 아니다. 어떻게 놀고 얼마나 만족하는가가 중요하다. 종이 한 장과 연필, 가위와 색종이,

풀, 종이컵, 요구르트 병, 바둑알, 줄자, 주사위, 빨래집게 모두가 아이의 놀잇감이 된다는 걸 기억하자.

둘째, 놀이 대화가 중요하다.

앞서 민호와의 놀이에서 어떤 대화가 민호로 하여금 더 즐겁게 느끼게 했는지, 더 집중하고 몰입하도록 도와주었는지 살펴보았다. 지시하고 가르치고 설명하는 말이 아니라 아이가 하는 행동을 지지하고 격려하고 긍정적 의도를 찾아 말해주는 대화가 핵심이다. 그래야 아이는 즐겁게 놀이에 몰입하며 기능을 발전시키고 만족감과 성취감을 얻으며 자존감을 높여갈 수 있다.

셋째, 놀이와 공부는 하나다.

배우면서 놀고 놀면서 배운다는 사실을 기억하자. 민호가 숫자를 셀 때 옆에서 바르게 세며 그 소리를 들려주는 것으로 충분하다. '하나, 둘, 넷, 다섯, 일곱'처럼 숫자를 빠뜨리고 넘어갈 때 엄마는 옆에서 천천히 아이가 들을 수 있는 속도로 '하나, 둘, 셋, 넷, 다섯, 여섯, 일곱'을 세면 된다. "틀렸으니 다시 세."라는 말은 하지 않아야 한다. 그게 더 아이가 잘 배우는 방법이다. 그러면 아이는 다시 따라 하기를 싫어하지 않는다. 틀렸음을 강조하는 것이 아니라, 아이에게 바르게 세는 방법을 한 번 더 보여주는 방법이다. 잘못 따라

하면 좀 더 자주 많이 보여주고 들려주면 된다. '엄마 아빠'라는 말을 수천 번 수만 번 들려주고 나서야 아이는 그 말을 따라 말하게 된다. 말을 못 한다고 혼냈다면 아이는 아예 입을 닫아버렸을 것이다.

정서 놀이와 인지 놀이는
환상의 짝꿍

"왜 아이들은 선생님하고 놀면 재미있어 하나요?"
"지난주에 한 번 오고 계속 여기 놀러 가자고 졸랐어요."
"어떻게 노신 거예요? 놀이 방법 좀 알려주세요."

이렇게 묻는 부모들이 많다. 신기하게도 아이들은 자신을 좋아
하고 재미있게 해주는 대상을 귀신같이 알아챈다. 그래서 단 한 번
을 놀았는데도 또 선생님이랑 놀고 싶다고 엄마를 조른다. 과연 어
떻게 놀았기에 아이들이 이런 반응을 보이는 걸까?

아이들이 좋아하고 또 놀기를 원하는 가장 핵심 이유는 정서적
만족감과 동시에 인지적 자극과 성장을 도와주는 놀이를 하기 때
문이다. 정서적 만족은 상호 작용에 달렸다. 실수하고 실패해도 아
이의 강점을 찾아주고, 틀려도 다시 하려는 노력과 긍정적 의도를

찾아 말해주면 지거나 실수해도 아이는 충분히 재미있는 것이다.

동시에 아이는 새로운 지식과 기술을 배우고 싶어 한다. 어제보다 오늘 퍼즐과 블록을 더 잘 맞추면 아이는 인지적 기능의 발달을 스스로 확인하며 만족스럽다. 이런 심리적 욕구를 잘 채워주는 놀이가 아이를 열광하게 만든다. 조금 더 자세히 알아보자.

주어진 과제를 풀어내는 끈기

종이비행기를 접어 날리는 건 언제나 아이들이 좋아하는 놀이 중 하나이다. 아이들은 더 멀리 날리고 싶은 마음에 계속 밖에 나가서 날리자고 한다. 하지만 밖으로 나갈 수 없는 상황에서도 방법에 따라 얼마든지 실내에서 쿵쾅거리지 않고 재미있게 놀 수 있다.

비행기를 접어서 날리기 전에 목표 지점을 설정해주는 것이다. 색종이 한 장을 맞은편 벽에 붙여놓고, 10번씩 날려서 누가 목표 지점에 더 많이 맞추는지 시합을 해보자. 좁은 실내 공간이라 나가서 놀자고 보채던 아이의 태도가 확 변할 것이다.

생각보다 목표 지점으로 날리는 일이 쉽지 않다. 10번 중에 1번도 성공하지 못할 수 있다. 계속 실패하고 있을 경우, 하기 싫다는 모습을 보이는 아이도 있다. 당연히 바람직한 태도는 실수하는 과정에서 포기하지 않고 끝까지 진행하는 것이다. 그러기 위해 아이에게 중간 질문이 필요하다.

"지금까지 5번을 계속 실패했잖아. 이럴 때 넌 그만하고 싶니? 아니면 끝까지 계속하고 싶니?"

이렇게 질문하면 아이는 지금 현재 자신의 마음을 알아차리게 된다. 만약 포기하고 싶은 마음이 든 경우에도 자신의 마음을 알아차린 아이는 그 마음을 추슬러 끝까지 하겠다고 다시 마음을 다잡게 된다. 계속하겠다는 의지를 보이면 그 훌륭함을 칭찬해주면 된다. 이런 대화를 나누면 아이는 10번이 아니라 20번 30번을 실패해도 성공할 때까지 계속하게 된다. 중요한 건 이런 질문을 했을 때와 그렇지 않을 때 아이의 태도는 완전히 달라질 수 있다는 점이다.

기질에 맞는 인지적 욕구 충족

원래 승부욕이 강한 아이라면 굳이 격려를 하지 않아도 스스로 목표 의식이 더 강해지고 멈추지 않고 계속한다. 참 감사한 특성이지만, 부모는 아이의 이런 태도가 너무 승부에 집착하는 것 같아 그 마음을 멈추게 하려는 마음이 생긴다.

"괜찮아. 실패해도 돼. 이제 그만하자. 열심히 했어."

의외로 이런 말을 하는 부모가 너무 많다. 어떤 엄마가 아이에게 "져도 괜찮아."라고 말하니 아이는 "아니야, 엄마. 이겨야 괜찮아."라며 계속 자신의 목표를 달성하려고 했다.

이런 특성은 기질적 특성이고 잘 바뀌지 않는다. 그러니 부모는 아이가 지혜롭게 자신이 원하는 목표를 달성하도록 도와주어야 한다.

승부욕 강한 아이와의 놀이가 어려운 초등학교 2학년 진우 아빠에게 놀이 대화를 알려주고 종이비행기를 날리며 한 문장씩 천천히 대화를 진행해보도록 했다.

"진우야, 진짜 열심히 하는구나. 멋있다. 너 정말 목표 지점에 성공하고 싶지? 그런데 그렇게 무작정 세게 날린다고 목표 지점에 닿지는 않아. 이럴 땐 분석을 해야 해. 네가 어떤 방향으로 던질 때 가까이 가는 것 같아? 힘을 얼마나 세게 할 때 제일 가까이 가니? 혹은 비행기 날리는 각도가 어느 정도일 때 목표 지점에 가장 가까이 가는 지 한번 살펴볼까?"

이렇게 말하니 진우의 날리는 태도가 달라지기 시작한다.

"세게 날리니까 오히려 중간에서 휙 떨어졌어요. 근데 살살하면 더 안 가지 않아요? 그냥 해볼게요. 와! 살살 던졌는데 더 가까이 갔어요. 신기해요."

그 이후로 30분 동안 진우는 비행기를 어떻게 날리면 가장 잘 목표 지점에 도착하는지 그야말로 연구하고 탐구하는 자세로 비행기를 날렸다. 아이의 이마엔 땀이 송송 맺히고, 얼굴은 발갛게 상기되었다. 몰입하는 아이의 두 눈은 세상에서 가장 빛나는 보석처럼 반짝인다.

바로 이런 방식이 집중과 몰입, 그리고 인지적 만족감을 주는 놀이로 한 걸음 더 나아가게 하는 것이다.

인지 놀이가 어려운 아이

초등 2학년의 두 남자아이가 있다. 준이와 혁이다. 둘 다 책 읽기를 좋아하고 아는 것도 많다. 친구들과 어울려 놀기를 좋아하는 활달한 성격의 소유자다. 마음도 넉넉한 편이어서 친구 도와주기를 좋아하고, 부모님도 학교 선생님도 모두 칭찬하는 아이들이다. 그런데, 두 아이가 결정적으로 다른 점이 있었다.

숨은그림찾기 놀이를 하는데 준이는 눈을 반짝이며 몰입하는데 혁이는 재미없어하며 다른 책에 눈길을 돌린다. 그럴 수 있다. 모두가 같은 걸 좋아하지는 않으니 말이다. 이번엔 주사위를 꺼내 2개를 던져서 나오는 수의 합을 말하기로 했다. 3과 4가 나오자 준이는 신나서 7이라 외치는데 혁이는 이 또한 시시하고 재미없다며 안 하고 싶다고 말한다. 뭐, 숫자 놀이를 좋아하지 않을 수 있으니 그럴 수 있다고 생각해보자. 그런데 숫자 놀이뿐만 아니었다. 혁이는 조금 복잡해 보이는 미로찾기도 거부했고, 추리를 통해 범인을 찾아가는 추리 놀이도 싫어했다. 혁이는 즉각적으로 감각적인 자극을 주는 놀이와 활동적인 몸놀이는 좋아했지만, 집중하고 몰입해서 정신적인 에너지를 사용하는 놀이에는 매우 미숙한 모습을 보였다.

준이와 혁이처럼 초등학교 2, 3학년이 되면 아이들의 놀이는 크게 2가지 방향으로 나뉘기 시작한다. 집중할 줄 아는 아이의 놀이와 집중이 어려운 아이의 놀이가 달라지기 때문이다. 유아기 아이라면 자연스러운 모습이지만, 2학년이 넘어가는 아이가 계속 정서적인 자극을 주는 놀이만 좋아한다면 이는 정서와 인지의 균형 발달에 조금 문제가 생기고 있다는 신호로 해석하는 것이 적절하다.

정서적 놀이를 놓친 아이

반대의 경우도 있다. 인지적으로는 훌륭하게 발달하고 있지만 정서적 발달에 문제가 생긴 아이는 찾는 놀잇감의 종류도 다르다. 공부 잘하고 똑똑한 초등학교 5학년 강민이는 유아들이 가지고 노는 낚시 놀이를 하며 천진난만하게 웃는다. 몇 주 동안 계속 낚시 놀이만 했다. 강민이는 공부를 잘하지만, 친구와의 관계가 불편하고, 수업 시간에 자기가 하고 싶은 말만 계속해서 수업의 흐름을 방해한다. 공부머리는 잘 발달하고 있지만 정서 발달과 사회적 상황에서의 적절한 맥락을 이해하지 못하는 현상이 나타나고 있는 것이다.

똑똑한 아이니 머리를 쓰는 인지적 놀이를 더 좋아할 것 같았지만 전혀 엉뚱하게도 아이는 정서적 놀이에 많이 활용하는 유아의 장난감을 더 즐거워했다. 낚시 놀이를 하는 동안 아이의 표정과 말이 재미있다. 12살 사춘기를 맞이하는 5학년이 아니라 5살 아이의 표정이다. 천진난만한 웃음, 세상만사 아무 걱정 없이 그 순간에 몰입해서 즐거움을 만끽하는 것이 표정에 드러난다. 이럴 땐 아이가 충분히 놀이를 즐길 수 있도록 아이 나이를 고려하지 않고, 지금 현재 심리적 나이, 약 5세로 느껴지는 그 나이에 맞추어 대화를 이어 나간다.

"와! 너무 잘한다. 좋아. 그건 반칙이지. 그럼 나도 따라 한다. 오우, 네 방법으로 하니까 잘되는데? 아! 안 돼. 마지막 물고기는 내가 잡을 거야."

객관적으로 보았을 때 이 대화는 그야말로 유아들과의 놀이 대화이다. 하지만 똑똑하고 공부 잘하는 이 아이에겐 지금 머리를 쓰는 놀이가 아니라 정서적으로 만끽하는 놀이가 필요했던 것이다. 충분한 즐거움을 누리지 못한 채 지나온 유아기적 소망이 지금 이런 모습으로 나타나는 것이다. 정서적 즐거움이 이 아이에겐 가장 절실하게 필요한 것이다.

결국 놀이에서도 균형 발달이 중요하다. 어릴 적엔 정서적 즐거움을 만끽하고 초등학생이 될 즈음에는 서서히 인지적 능력을 활용하여 생각하고 연구하고 추리하며 노는 즐거움으로 발전되어가야 한다. 아이가 아무리 신나는 하루를 보내고 와도 다음 날 다시 짜증을 내고 있다면 그건 진정한 놀이가 아니었다는 신호라는 걸 기억하면 좋겠다.

제대로 못 논
아이의 결핍

제대로 놀지 못한 아이들도 점점 자라 청소년이 되고 어른이 된다. 하지만 결핍된 놀이에 대한 갈증은 해소가 되지 않는다. 그 대표적인 예가 제대로 놀지 못하고 자란 사춘기 청소년들의 일탈 행동이다. 이 아이들은 친구를 괴롭히고도 그게 아니라고 말한다.

"그냥 장난으로 그랬어요. 같이 논 거예요."

정서적 안정감과 만족감이 부족해 심리적 성장에 문제가 생긴 아이들은 사람에 대한 공감 능력이 떨어지고, 자신의 행동이 사회적으로 어떤 의미가 되는지 파악하는 사회 인지 능력에도 문제가 생긴다. 놀이의 부족으로 정서 발달에 문제가 생긴 아이들이 남을 괴롭히고 자기 자신도 망가지게 하는 사례들이 너무 많다.

유아기부터 만끽하지 못한 정서적 즐거움이 미해결된 심리적 문제로 남는다. 이것이 변형되고 뒤틀려 왜곡된 형태의 재미를 찾다 보니 범죄적 행동에 대한 판단력도 부족해지면서 타인과 자신의 삶을 모두 망치는 것이다. 짜릿한 쾌락적 만족감만 추구하다간 비행이나 도박, 그리고 중독으로 진전되는 건 정말이지 시간문제다.

이런 사례를 보면 지금 유아기와 초등학생 시기인 우리 아이들에게 무엇이 중요한지, 어떤 심리적 뿌리를 심어주어야 하는지 명확해진다. 다시 한번 아이의 건강한 놀이는 정서적·인지적 발달에 도움되는 놀이여야 한다는 원칙을 상기해야 할 것이다.

유아기의 놀이는 신체적·정서적·인지적 균형 발달에 초점을 맞추어야 한다. 그래서 밖에서 뛰놀며 대근육 발달을 도와주어야 한다. 미끄럼틀을 타며 속도감도 즐길 줄 알아야 하며 그네를 타며 힘의 반동으로 왔다 갔다 하는 놀이의 원리를 깨달아야 한다. 눈으로 보고 손으로 조작하는 시각 운동 협응 능력을 키워주는 놀이도 기능이 원활해질 때까지 무한 반복하며 즐겁게 놀아야 한다. 또한 조금 어렵지만 집중해서 미로도 찾고, 숨은그림찾기도 하고, 퍼즐도 맞추고, 수수께끼도 즐겁게 풀어야 한다. 틀렸다가 다시 맞히고, 또다시 문제를 내며 하루하루 반복하다 보면 저절로 수준이 높아진다. 예전 누구나 즐겨 했던 스무고개가 이제 논리 수업 안에서 진행되기만 하는 건 너무 슬픈 일이다. 우리 아이들의 놀이가 다시 건

강하게 되살아나길 바란다.

아이의 만족스러운 표정과 반짝이는 눈빛이 바로 놀이에서 경험하는 성취감의 증거다. 바로 이럴 때 자기효능감과 자존감이 높아진다. 성공적인 놀이는 정서적으로 안정감과 만족감, 그래서 행복감을 느끼게 한다. 또한 인지적으로 배우고 익히며 잘 성장하고 있다는 성취감을 준다. 인지와 정서, 정서와 인지가 균형 있게 발달하는 놀이가 우리 아이를 위한 놀이 원칙이다. 이제 우리 아이를 위한 놀이 원칙을 잘 기억하며 행복한 놀이 시간을 만들기 바란다.

행복한 아이의 놀이 원칙

· 엄마 아빠가 가장 좋은 장난감이다.

· 놀이에서의 부모 대화가 놀이의 질을 결정한다.

· 비싼 장난감보다 주변 간단한 물건을 활용하는 것이 더 바람직하다.

· 무한 반복 놀이가 아이를 성장하게 한다.

· 정서 놀이와 인지 놀이의 균형 발달이 이루어져야 한다.

· 혼자 놀이도 할 줄 알아야 한다.

· 놀이와 공부, 다르지 않다.

4교시
.
.

훈육

따뜻하고 단단한 훈육이
성숙한 사람으로 자라게 한다

부모 마음이
가장 아플 때

"만약 훈육이 잘된다면 아이 키우는 일은 어떻게 느껴질까요?"

"너무 좋죠."

"훈육만 잘되면 하나도 안 힘들어요."

"그럼 행복하죠."

아이 키우는 그 다양한 역할 중에 훈육 한 가지만 잘되어도 이렇게 행복해질 것 같다는 느낌을 준다니, 훈육이 얼마나 힘겹고, 그래서 얼마나 속이 상하는지 엄마들의 말속에 모두 들어 있었다.

엄마 역할 중에 가장 마음 아픈 순간을 떠올려보라고 하면 머리 끝까지 화가 나서 아이를 혼낸 뒤 정신 차렸을 때일 것이다. 아직 너무 어리기만 한 아이에게 소리 지르고 "너 때문에 엄마가 못 살겠어. 엄마 괴롭히려고 태어났어?" 이런 말을 했으니 제정신이 돌아온 다음에 얼마나 마음이 아픈가. 울며 잠든 아이, 아직 눈물기가 남아 있는 아이를 껴안고 "미안해, 엄마가 정말 잘못했어. 다시는 안 그럴게."를 다짐하고 또 다짐해보지만 며칠 못 가 엄마는 또다시 아이를 붙잡고 윽박지르고 있다.

도대체 훈육이 무엇이길래 이렇게 부모를 힘들게 하고 아이를 괴롭히는 것일까? 훈육은 가르치는 것이 분명하다. 하지만, 안타깝게도 우리는 가르친다는 명목으로 아이에게 소리 지르고 화를 내고 있다. 목표는 분명하고 올바르지만, 그 방법에 문제가 있는 것이다.

혼내는 것, 벌주는 것은 절대 훈육이 아니다. 훈육을 성공하려면 1단계로 아이 마음을 진정시켜야 한다. 그리고 아이가 안정된 후에 2단계인 가르침을 주어야 한다. 1단계를 실천하지 않고, 부모 자신의 마음도 진정하지 못한 상태에서는 부모는 혼을 내고 아이는 혼이 나는 과정을 '훈육'이라 불렀던 것은 아닐까.

혼이 나간 아이가 멍하니 정신이 하나도 없는데 거기다 부모는 흥분한 목소리로 온갖 지침을 전한다. 아이의 귀에 단 하나도 제대로 들어가지 못한다. 그래서 혼이 난 대부분의 아이들에게 왜 혼이 났는지 물어보면 잘 모르겠다는 대답만 돌아오는 것이다.

훈육은 부모와 아이 모두 마음을 진정시키고 난 다음 가르침을 전하는 일이다. 그래야 아이가 잘 받아들이고 행동이 달라질 수 있다. 만약 그렇게만 된다면 아이 키우는 일이 그리 힘들 리가 없다.

해야 하는 행동은 아이가 스스로 알아서 잘하고, 하면 안 되는 행동을 가르치면 그 또한 조심해서 안 하려고 노력한다면 얼마나 예쁘고 기특하겠는가? 훈육만 잘되면 아이가 악을 쓰며 우는 일도 별로 없을 것이고 떼쓰며 바닥에 누워버리는 꼴을 보지 않아도 된다.

훈육이 성공한다면 엄마 아빠는 예쁜 아이랑 눈 마주치며 얘기하고 웃고 행복해하는 것이 육아의 전부를 차지하게 될 것이다. 그러니 부모와 아이 모두에게 상처 주는 잘못된 훈육이 아니라 힘든 아이 마음을 따뜻하게 보듬으며 제대로 가르치고 깨달을 수 있도록 도와주는 진짜 훈육이 어떤 것인지 알아야 한다.

효과적인
훈육의 원칙

훈육의 원칙은 매우 간단하다. 아이의 요구를 당장 들어주라는 말이 아니다. 떼쓰고 우는 아이의 마음을 들여다보면 모두 이유가 있다. 지금 당장 해달라고 요구하는 아이 마음은 원하는 걸 얻지 못해 괴로운 생각뿐이다.

울며 소리 지르는 아이를 보기가 괴롭기는 하지만, 그래도 아이랑 똑같이 흥분하지 말고 그 마음을 따뜻하게 다독여주는 일이 가장 먼저이다. 조금 진정되면 가르침이 가능하다. 이때 금지된 행동은 절대 안 된다는 것을 단단하고 명확하게 알려주어야 한다.

이렇게 설명하면 과연 그런 육아가 가능한지 의심하는 경우가 더 많다. 어떤 것이 따뜻한 것이고, 어떻게 하는 것이 단단하게 원칙과 경계를 세워 가르치는 일인지, 따뜻하고 단단한 훈육을 배운 엄마들의 사례를 통해 이야기를 들어보자.

성공 경험을 활용한 상황 대처 훈육

4살 동생이 형의 장난감을 빼앗아 돌려주지 않는다. 6살 형은 뺏으려고 잡아당기고 동생은 꽉 잡고 놓지 않으려고 몸싸움을 벌인다. 형은 달라고 소리 지르고 동생은 큰 소리로 빼액 소리 지르며 운다. 하루에도 두세 번은 일어나는 상황이다. 엄마는 지금까지 이럴 때마다 두 아이 모두를 혼냈다. 형에게는 동생이 좀 더 놀게 놔두라고 야단치고, 동생에게는 많이 놀았으니 이제 돌려주라고 또 혼을 낸다. 그래도 말을 안 들으면 엄마가 큰소리로 버럭 소리를 지른다. 엄마가 화난 걸 보고서야 두 아이는 씩씩거리며 싸움을 멈춘다. 그러고선 서로의 억울함을 또 하소연한다. 두 아이 모두에게 윽박지르며 장난감 없애버릴 거라 협박하고 나서야 겨우 상황이 종료된다. 하루 한두 번을 이렇게 힘을 빼고 나니 엄마는 아이 키우는 일이 너무 힘들다.

엄마에게 동생이 형의 장난감을 잘 돌려준 적이 있었는지 물었다. 당연히 한두 번은 있다고 했다. 바로 그 성공 경험의 기억을 살려 아이가 이미 약속을 잘 지킬 수 있는 힘을 가지고 있음을 알려주고 마음은 따뜻하게, 원칙은 단단하게 지키도록 아이들을 훈육하는 방법을 이야기해주었다.

그다음 주 엄마는 똑같은 상황에서 아이들이 어떻게 다르게 했는지 상세히 말해주었다. 동생이 형의 장난감을 꽉 쥐고 놓지 않으려고 하는 상황이다.

"이제 그만 놀아. 내 거야. 이리 달라고!"

"싫어, 더 갖고 놀 거야. 으앙!"

형에게 먼저 "잠깐만, 엄마가 도와줄게."라고 말한 뒤 동생에게 말한다.

"우리 ○○이가 형 장난감으로 더 놀고 싶구나. 형이랑 약속했지만 더 놀고 싶은거야? 그런 마음이 들 수 있어."

동생이 아무 말없이 장난감을 쥔 채 가만히 있는다.

"우리 ○○이가 그만 놀아야 하는 것도 잘 알고 있구나. 그런데 더 놀고 싶어서 고민하는구나. 엄마가 네 마음 다 알아. 마음 정리하는 데 시간이 좀 필요할 거야. 형에게 좀 기다려달라고 부탁할게."

엄마는 큰아이에게 동생이 마음 정리 중이니 조금 기다려달라고 동생이 듣는 데서 말한다. 동생은 더 이상 떼를 쓰지 않고 가만히 있는다. 바로 이때 아이의 성공 경험을 들려주어야 한다. 노력하라는 말이 아니라, "이미 넌 잘할 수 있어. 전에도 성공했어. 그러니 지금도 마음을 조절해서 형에게 기꺼이 돌려줄 수 있단다."라는 말을 해주어야 아이는 고민하고 갈등하는 마음이 곧 약속을 지키려는 마음임을 알아차리고 조절하는 힘을 키우게 되는 것이다.

"우리 ○○이 전에도 형아 공룡 잘 돌려줬지? 너무 훌륭했어. 너도 기억하지? 엄마도 잘 기억해."

그러자 잠시 후 갑자기 아이가 형의 장난감을 쑥 내민다. 약간은 쑥스러운 표정도 있지만, 그까짓 거 어렵지 않아 하는 듯한 표정이다. 이제 칭찬하고 축하하면 된다.

"야, 진짜 훌륭해. 정말 멋지다. 약속을 잘 지키는구나. 주기 싫은 마음이 조금 들었지만, 금방 마음 조절 잘했네. 정말 잘했어. 훌륭해."

이렇게 아이가 울거나 떼를 썼을 때도 상황 대처 훈육이 의외로 잘 먹히는 걸 보며 많은 부모들이 신기하다고 말한다.

긍정 의도를 활용한 예방 훈육

한 엄마는 받아쓰기 연습을 해야 하는데 보나마나 조금 하다 짜증낼 것이 분명해 아이 마음속 긍정적 의도를 읽어주며 예방 훈육을 하였다고 한다.

"연습하다 보면 힘들어서 짜증이 날거야. 잘 쓰고 싶은데 자꾸 틀려서 속상할 수 있어. 엄마가 네 마음 다 알아. 그럴 때 어떻게 도와줄까?"

이렇게 말했더니, 자기가 혼자 연습할 수 있다며 큰 소리를 친다. 몇 번 틀려도 짜증내지 않고 고치는 행동을 지지해주었더니 더 열심히 연습하는 태도를 보였다고 한다.

또 어떤 엄마는 마트에 가면서 "오늘 장난감 안 사는 날이야. 기억해? 전에도 약속 잘 지켰잖아? 그래, 너무 훌륭했어. 오늘은 어떻게 할 거야?" 이렇게 말하며 예방 훈육을 했더니 기분 좋게 성공했다고 전한다. 이렇게 간단한 방법이 있었는데 그동안 공연히 고생만 했다며 그간의 아픈 시간들을 아쉬워했다.

문제 발생을 미리 예방하는 훈육과 사건이 발생해 아이가 울고 떼를 쓰는 상황에서도 성공적으로 훈육할 수 있는 사례들을 만날 때마다 무척 반갑다. 훈육만 잘되면 아이 키우는 일이 즐겁고 행복하다는데 어찌 반갑지 않겠는가?

이렇게 성공할 수 있는 이유 중의 하나는 이 과정이 엄마가 따뜻하게 아이 마음을 잘 알아주고 표현해주었으며, 아이가 이미 성공할 수 있는 힘을 가진 아이라는 걸 믿어주고 표현해주었기 때문이다. 쉽게 말해서 엄마가 진정으로 아이의 편이 되어주었고, 아이는 온전히 자기 편이라 믿는 엄마 덕분에 자신에 대한 긍정적 이미지를 찾아낼 수 있었고, 감정 조절에도 쉽게 성공할 수 있게 되는 것이다.

부모의 따뜻함이란
무엇일까

내가 기억하는 우리 부모님의 따뜻함은 무엇인가? 나의 경우엔 퇴근길에 기분 좋게 술 한잔하고 귀가하시는 아버지의 손에 들린 과자나 과일이었다. 예닐곱 살 때 일요일 오전 바둑판을 앞에 두고 흑점 9개를 먼저 놓게 하고 나에게 바둑을 가르쳐주시던 모습이었다. 기분 좋으시면 그 큰 두 손에 나의 두 발을 올려놓고 세우기 놀이를 하시던 모습이었고, 아버지의 발등에 매달려 걸음마를 하던 모습이었다.

엄마의 따뜻함은 좀 더 다양하다. 정성껏 맛있는 음식을 마련해주시던 모습, 밥을 먹고 있을 때 "맛있지? 맛있지? 꼭꼭 씹어 먹어." 라고 말하며 마치 추임새를 넣듯 옆에서 흥을 돋우어주던 모습과 세수를 시키면서 뽀득뽀득 소리가 나야 한다며 "아이, 예쁘다!" 감탄사를 넣어가며 힘주어 나를 씻겨주시던 모습들이다. 이런 따뜻한 모습을 떠올리면 저절로 미소가 떠오른다.

부모님의 따뜻함과 감사한 기억들을 떠올릴 때면 이미 성인이 된 엄마 아빠의 표정도 마치 어린 시절로 돌아간 눈빛과 미소를 보인다. 엄마가 해주신 음식, 같이 놀며 웃었던 일, 산에 가서 진달래 따서 화전 부쳐 먹은 일, 목욕탕 가는 날마다 특별히 사 주신 바나나우유, 100점 받았을 때 목마를 태워서 덩실덩실 춤추시던 모습, 대학 합격했을 때 동네잔치 한다며 신나서 뛰어다니시던 모습, 아플 때 옆에서 계속 지켜주고 보살펴주시던 모습들이다.

이런 기억들을 떠올리면 부모님께 어떤 마음이 드는지, 자신의 삶을 어떻게 살고 싶은 생각이 드는지 생각해보자. 감사한 기억은 사람을 좋은 방향으로 이끈다. 자신이 좋은 사람으로 열심히 살아야겠다고 다짐하게 된다. 사람은 누군가 자신을 엄격하고 단호하고 무섭고 따끔하게 혼을 내서 성장하게 되는 것이 아니다. 절대 그런 경험으로 성장하지 않는다. 그런 아픈 경험은 오히려 슬픔과 외로움과 원망과 분노를 남길 뿐이다.

한 엄마는 자신의 엄마가 얼마나 무서웠는지 눈물 흘리며 아픈 기억을 말했다. 잘못해서 한번 혼이 나기 시작하면 엄마 앞에 무릎을 꿇고 앉아 한두 시간 정도를 조목조목 잘못을 따지는 말씀과 어떻게 해야 한다는 훈계의 말씀을 들어야 했다.

자신의 잘못 때문에 한숨 쉬고, 소리 지르고, 두 눈을 부릅뜨고 자신을 쏘아보시는 모습은 지금 생각해도 다시는 보고 싶지 않은 모습이며, 긴 혼내기가 끝나면 두 다리는 쥐가 나 움직여지지가 않았다고 한다.

이렇게 무서운 훈계와 혼내기가 과연 성장하는 데 어떤 도움이 되었을까? 전혀 도움 되지 않았다. 오히려 지금도 친정엄마와 의견 충돌이 생기면 그때의 억울함과 원망감이 되살아나 자신도 모르게 좀 더 공격적인 말을 하고 싶은 충동을 느끼게 된다고 말한다.

상담을 온 대부분의 아이들은 엄마 아빠를 사랑한다고 말을 하지만, 고마운 점을 물으면 별로 없다고 대답한다. 사랑하지만 고맙지가 않다. 엄마 아빠가 자신을 위해 그 많은 공을 들이고 있음에도 불구하고 고마운 마음은 들지 않는 것이다. 부모 입장에서는 어처구니없는 일이지만 아이 마음은 그렇다.

사랑한다는 이유로 혼을 내지만 아이는 괴롭고 슬프고 혼란스럽다. 그런 마음을 느끼게 하는 사람이 고마울 리가 없는 것이다. 감사한 마음이 들어야 따뜻함을 느끼게 되고, 그래서 좋은 사람으로 열심히 살고 싶은 마음이 드는 게 바로 마음의 원리이다. 사람은 무서움과 두려움으로 절대 성장하지 않는다. 따뜻함과 감사하고 감동받는 경험이 올바른 삶으로 이끌게 됨을 기억하면 좋겠다. 따뜻함이 얼마나 중요한지 다음 사례를 통해 한번 살펴보자.

중학생 경원이는 친구와 다툼 도중에 참지 못하고 친구를 밀어서 다치게 했다. 그야말로 학교폭력의 가해사가 되었다. 결국 학교폭력위원회가 열렸지만 그 친구에게 진심으로 사과하고, 반성문을 쓰고 봉사 시간을 채우기로 결정 나면서 잘 마무리가 되었다. 그런데 경원이는 그 사건의 과정에서 아빠의 태도에 큰 상처를 입었다. 자신의 실수로 친구를 다치게 했다는 사실도 너무 무서웠는데, 아빠가 어떻게 친구를 밀어서 피가 나고 다치게 할 수 있냐고 화를 내시며 하신 말씀 때문이었다.

"어떻게 그런 짓을 할 수 있어. 너 따위는 필요 없어. 내 자식이 아니야!"

그 순간 경원이는 아빠가 너무 싫었다. 아빠 말대로 그냥 세상에서 없어져버리고 싶은 마음이 들었다. '그래, 아빠가 원하는 대로 해줄게. 나만 없어지면 되잖아.' 그런 마음이 들어 자해를 했다. 그런 경원이와 상담을 진행하였다. 경원이는 아빠를 원망했다.

경원이와 이야기를 나누며 알게 된 사실은 그 사건이 일어났을 때 의도치 않게 실수로 벌어진 일이었기에 자신도 너무 당황하고 무서웠다고 한다. 그래서 아빠가 자기를 위로해주기를 바랐다고 했다. 하지만 아빠의 태도에서 그동안 쌓인 감정들이 올라왔고 자신만 가족들 사이에서 늘 따돌림을 당한 느낌, 아빠가 오빠만 챙기고 자신을 원래 싫어했다는 생각이 들어 더 원망과 분노가 커졌다. 사람들은 집에서도 학교에서도 자기에게 무관심했고, 그들에게 소외감을 느꼈다고 말했다. 게다가 공부 성적이 좋지 않은 자신에게 공부 잘하는 오빠와 비교하며 "넌 비싼 돈 내고 학원에 다녀도 성적이 그것밖에 안 되냐."는 비난에 죽어버리고 싶은 생각이 들 때도 있었다고 말했다.

그렇게 두 달 정도 상담을 진행하며 마음이 좀 진정되었을 때 이제 경원이의 왜곡된 기억을 바로잡기로 했다. 아빠가 혼을 낼 때도 있었지만, 사실 경원이 아빠는 딸바보일 정도로 경원이를 아꼈다. 그 사건에서 지나치게 화를 낸 건 본인도 잘못했다 생각했고, 경원이에게도 충분히 사과했다. 상담 과정에서 조금 마음이 누그러진 경원이에게 아빠에게 고맙게 느껴졌던 기억들을 떠올리게 했다. 처음엔 별로 없다고 말했지만 천천히 하나씩 생각해내기 시작했다.

'내가 좋아하는 음식과 물건을 선물로 주셨다, 아빠 책상에 내 사진 액자를 세워놓았다, 내가 그린 그림을 사무실 벽에 걸어놓았다, 어릴 때 병원에 입원했을 때 내가 안 무섭게 아빠가 옆에 있어주었다, 초등학교 졸업식 때 못 오신다고 했는데 꽃다발 들고 깜짝 방문해주셨다, 오빠가 괴롭힐 때 아빠가 막아주고 혼내주었다, 내가 준 생신 선물을 매년 모아두신다, 수두 걸렸을 때 내가 안 긁도록 잠자는 내내 계속 지켜봐주셨다, 내가 우울할 때마다 아빠가 위로해주었다, 힘들다고 하면 아빠가 먼저 쉬라고 말해주었다.'

이렇게 적어놓고 나서야 경원이는 아빠가 자신에게 어떻게 했는지 한눈에 볼 수 있었다.

"아빠랑 오해가 있었던 것 같아요."

경원이는 아빠와의 관계를 회복하고 정상적인 학교생활로 다시 적응해갈 수 있었다.

사실, 부모가 아이를 혼낸 시간과 따뜻하게 정성껏 돌본 시간을 비교해보면 당연히 잘 돌본 시간이 훨씬 더 많다. 하지만 사람의 기억은 이상하게도 부정적인 사건을 더 잘 기억한다. 그래서 지금 현재 따뜻하게 아이를 돌보는 것도 필요하고 때로는 기억을 되살려 자신이 얼마나 사랑받고 자란 아이인지 인식하는 것도 큰 도움이 된다.

부모의 따뜻함은 다양하다. 식탁 위의 정성껏 마련된 간식, 편안한 분위기, 나를 바라보는 미소, 엄마 아빠와 함께 웃는 웃음, 내 마음을 달래주는 엄마 아빠의 손길과 다독임 등 다양한 모습으로 나타난다. 마음을 읽어주는 것만이 따뜻함이 아니라는 사실도 기억하면 좋겠다.

따뜻하고
단단한 훈육이 필요하다

아이를 웃겨주세요

한번은 지방에서 2시간의 훈육 강의가 끝난 후 기차 시간에 쫓겨
택시를 잡았다. 택시에 올라타려는 나를 한 엄마가 붙잡고 하나만
물어보고 싶다며 간절한 눈빛을 보냈다. 그 눈빛이 어떤 의미인지
알기에 잠시 택시를 기다리게 하고 들어보았다.

"아이가 10개월인데 계속 울고 떼가 너무 심해요. 아직 어려서 말도
잘 안 통하고, 안아주고 달래도 계속 울어요. 그럴 때 어떻게 하는
게 따뜻한 거고 어떻게 하는 게 단단한 거예요?"

순간, 2시간 동안 그 얘기했는데 여전히 잘 받아들여지지 않았다

는 사실이 조금 당황스러웠다. 하지만 강의 중에 말한 사례들이 정확하게 10개월 아기를 대상으로 하지 않았기에 어떻게 적용해야 할지 혼란스러워한다는 사실을 이해했다. 이렇게 강의를 하다 보면 늘 부모들에게서 많은 질문을 받는다. 하지만 그 자리에서 답변을 주기는 쉽지 않다. 왜냐하면 부모가 얘기하는 상황은 아주 단편적인 상황이라 그것만으로는 진짜 문제를 알아내기 쉽지 않기 때문이다.

이 아이의 경우도 마찬가지였다. 아이의 기질과 부모의 양육 태도를 알아야 아이가 우는 원인을 짐작이라도 할 수 있다. 또 아이가 우는 상황이 어떤 상황이었는지 알아야 조금이라도 달라질 수 있는 방법을 알려줄 수 있다.

하지만 기차 시간은 촉박했고, 택시는 나를 기다리고 있었다. 자세히 물을 시간이 없었다. 약 10초 안에 무언가 아이와 엄마를 위한 솔루션을 제공해주어야 하는 타이밍이었다. 나는 아주 단순하고 간단한 행동을 알려주어야겠다는 생각이 들었다. 가장 핵심적이고 효과가 있는 방법으로 말이다. 그때 내 입에서 나온 말은 바로 이 말이다.

"아이를 많이 웃겨주세요."

"네? 웃겨주라구요?"

"네, 떼쓰는 행동은 당분간 계속될 거예요. 그걸 지금 당장 대처하기는 어려울 것 같아요. 한 달 정도만 다른 건 하지 말고 아이를 웃겨주는 시간을 날마다 자주 가지세요. 그럼 달라질 거예요. 한 달 지나도 어찌해야 할지 궁금하시면 메일 보내주시구요."

부모는 우리 아이와 같은 편인가

한 엄마가 자신은 책에 나온 대로 똑같이 했는데 실패했다며 답답해했다. 솔직히 똑같이 했으면 절대 실패할 리가 없다는 생각이 들었다. 그동안 좋지 않은 육아 습관이 몸에 밴 경우 새로운 방법을 배워도 엄마는 자기 식으로 변형시켜 적용하는 경우가 많다. 그러고선 똑같이 했는데도 잘 안 되었다고 하소연한다. 이럴 땐 그 상황을 구체적으로 들어보고 어디서 잘못 진행되었는지 판단해보아야 한다.

6살 아이의 친구가 집에 놀러 오기로 했다. 아이만 오는 게 아니라 아이 엄마도 당연히 함께 온다. 엄마는 두 아이가 과연 잘 놀 수 있을지 걱정이 되었다. 보나마나 잠시 놀다 두 아이는 장난감 때문에 싸우게 될 것이다. 친구는 이것저것 다 가지고 놀고 싶어 하고, 우리 아이는 절대 손도 못 대게 하는 장난감이 있어 그걸로 실랑이를 벌일 상황이 예측되었다. 바로 이럴 때가 예방 훈육을 할 때라고 생각했다. 아이에게 친구에게 빌려주기 싫은 장난감이 있으면 어떻게 하면 좋을지 물었다. 그리고 아이가 골라낸 장난감을 다른 통에 담아서 엄마 방에 옮겨놓는 방법을 제안했다. 아이도 기분 좋게 동의하고 통에다 장난감을 담기 시작했다. 엄마는 분명 아이가 몇 가지 장난감을 통에 담아 옮겨놓으면 두 아이가 즐겁게 잘 노는 장면이 연출될 줄 알았다. 그런데 장난감을 옮겨 담는 과정에서 사달이 났다.

엄마의 말을 듣고 장난감을 옮기는 아이가 한두 개가 아니라 계속해서 옮겨 담는 것이었다. 남은 장난감은 낡고 오래된, 고장 난 자동차들 뿐이었다. 엄마는 화가 났다. 이렇게 아이 마음을 미리 알고 아이 편이 되어서 도와주려고 했는데 아이는 욕심을 부리고 있으니 도대체 왜 그러는지 답답하고 화가 났다. 그래서 엄마는 아이에게 이렇게 말했다.

"야, 그럼 친구는 뭘 갖고 놀아? 전부 다 담으면 어떡해!"

갑자기 아이 표정이 시무룩해졌다. 결국 엄마는 아이가 옮겨놓은 장난감 중에 절반을 다시 꺼내놓고 "이제 됐지?"라고 말하고 장난감을 담은 상자를 옮겼다. 그날 친구가 와서 장난감 때문에 큰 싸움을 벌이지는 않았지만 아이는 내내 시무룩했고 전혀 즐거워하지 않았다.

왜 이런 현상이 벌어졌을까? 이 사연을 들으며 그 아이가 안쓰러워졌다. 아이는 왜 그 친구에게 제대로 된 장난감을 빌려주고 싶지 않았을까? 아마도 아이는 그 친구를 좋아하지 않았을 것이다. 그러니 아끼는 걸 빌려주고 싶은 마음이 들지 않았을 것이다. 그런데 왜 집에 놀러 오는 것일까? 아이가 좋아하는 친구가 아니라, 엄마의 친한 친구의 아이였다. 그런데 엄마는 마치 아이를 위해 친구를 초대한 것처럼 말했고, 아이 편인 것처럼 시작하더니 결국엔 친구 편을 들었다. 처음부터 그러지나 말지, 오히려 배신당한 느낌이다.

분명 책에서 알려주는 육아 심리 레시피와 똑같이 했다고 말했지만 전혀 그렇지가 않았다. 엄마는 설명을 듣고야 자신이 어느 지점에서 실수했는지 깨달았다고 말했다.

사실 아이 편이 되어준다는 것이 쉬운 일이 아니다. 특히 다른 사람이 있는 사회적 상황에서는 타인을 더 배려하느라 정작 우리 아이 마음을 제대로 돌보지 못하는 경우가 너무 많다. 아이 편이 되어준다는 것은 바로 그 지점에서 우리 아이 마음을 헤아려보는 것이다. 자신이 좋아하지 않는 친구에게 빌려주기 싫은 마음은 당연하다. "빌려주기 싫구나. 알았어. 네가 담고 싶은 거 다 담아." 이렇게 말해줄 수 있어야 한다.

그다음에 남는 문제는 엄마와 아이가 같은 편이 되어 다시 의논

해서 해결하면 된다. 친구가 놀러 와서 함께 놀 장난감이 없다면 엄마가 색칠 놀이나 색종이 접기 등 다른 놀이 방법을 제안하면 되는 것이다.

진심으로 아이의 편이 되어주어야 한다. 그런데 지금의 부모는 아이를 아주 세심하게 보살피지만 의외의 상황에서 우리 아이를 서운하게 만들고, 원망감을 갖도록 하는 실수를 자주 한다.

아이를 훈육하는 것은 적대적 관계로 진행하는 것이 아니다. 같은 편에 서서 목표 지점을 함께 바라보며 아이의 어깨를 따뜻하게 다독여주고, 혹시 힘들어하면 든든하게 부축해주고, 잘못된 행동을 하려 하면 단단하게 잡아주는 과정이다. 이런 마음가짐을 놓치지 않는다면 우리 아이 마음을 슬프고 외롭게 하는 일은 없을 것이다.

먼저 경계를 무너뜨리는 부모

부모가 세운 원칙이 지나치게 엄격하고 시대에 맞지 않다면 아이는 오히려 원망과 상처, 반감을 가질 수 있다. 그러니 부모가 세운 규칙들이 어느 정도 타당한지는 주변 사람들과 의논하거나 육아서의 도움을 받으면 좋겠다. 그런데 원칙을 세우는 것만큼 중요한 것은 한번 세운 원칙을 단단하게 지키는 일이다. 아이의 문제 행동이 점점 심해지는 지점에는 의외로 많은 경우 부모가 먼저 그 규칙과 경계를 무너뜨리고 있다는 걸 알 수 있다.

엄마와 함께 문구점에 간 초등학교 2학년 아들이 문구점에서 장난감을 사달라고 조른다. 엄마는 안 된다고 단단하게 말했다. 하지만 아이는 계속 요구했고, 엄마가 사줄 때까지 안 갈 거라며 징징거리며 떼쓰기 시작했다. 그렇게 몇 번 실랑이를 하다가 엄마는 화가 나서, "네 맘대로 해!"라고 소리치고 먼저 문구점에서 나와 집으로 빠르게 걸어갔다. 당연히 아이가 뒤쫓아 올 줄 알았는데 아이는 보이지 않았다. 이 상황에서 놀러 간 것 같아 더 화가 난 엄마는 아이가 들어오면 따끔하게 혼내주리라 마음먹는다. 그런데 잠시 후 들어온 아이의 손에는 그 장난감이 들려 있다. 엄마는 화가 머리끝까지 치민다.

"너, 엄마가 사지 말라고 했지. 돈은 어디서 났어? 응?"

그러자 화내는 엄마에게 아이가 하는 말은 이랬다.

"엄마가 마음대로 하라고 했잖아요."

이 말에 엄마는 더 어이가 없었다. 어떻게 겨우 2학년인 아이가 그 상황에서 장난감을 살 수가 있는지 이해되지 않았다. 게다가 영악하기 그지없다. 엄마가 안 된다고 할 줄 알고 할머니가 주신 용돈을 미리 챙겨가기까지 했던 것이다. 엄마가 화가 나서 소리친 말을 핑계 삼아 엄마가 마음대로 하라고 해서 자기는 샀을 뿐이라고 변명하는 아이가 정말 얄밉고 계속 저런 행동을 하면 큰일이다 싶은 생각에 엄마의 화가 폭발한다. 엄마가 화가 났는데도 어떻게 자기가 원하는 것만 챙기는지, 저렇게 이기적인 모습이 너무 낯설고 당황스러워 엄마는 더 어쩔 줄을 모른다.

이 아이를 이해하려면 복잡한 아이 심리에 대해 알아야 할 것 같지만, 사실 이때도 원칙은 아주 간단하다. 엄마가 화가 나서 소리칠 때에도 단단하게 원칙을 말하는 것이다. 설득하고 달래다 안 되면 화가 날 수 있다. 하지만 화가 나서 하는 말도 아무 말이나 하면 안 된다.

아이들은 의외로 자기가 원하는 걸 얻기 위해 눈치가 엄청난 속도로 작동하고 있으며 원하는 걸 얻는 데 매우 집요하다. 듣고 싶은 말만 듣고 자기 이로울 대로 해석하기도 한다. 그러니 엄마는 화가 나서 소리칠 때 이렇게 외쳤어야 했다.

"절대 사면 안 돼!"

이렇게 소리치고 나왔다면 아이는 한참을 망설였겠지만 그래도 그 경계를 넘어설 엄두는 내지 못했을 것이다. 그리고 혹시 또 이런 일이 생길 것을 대비한 예방 훈육을 위해 가르쳐야 할 게 있다.

"엄마가 화나서 '네 맘대로 해!'라고 소리치는 건 절대 안 된다는 말이야. 알았어? 엄마가 된다고 하지 않았냐고 우기면 절대 안 돼. 엄마가 말한 내용 네가 다시 말해봐."

어쩌면 웃기는 말장난으로 들릴 수 있겠지만 이렇게 해야 아이는 단단한 원칙을 제대로 가슴속에 각인하게 된다는 걸 꼭 기억하기 바란다.

깨달음의 훈육이
아이를 달라지게 한다

명쾌한 개념 정립이 문제 행동을 막는다

따뜻하게 마음을 알아주고, 즐겁게 함께 웃고, 자신이 능력 있는 사람으로 잘 성장하고 있는 증거를 보여주어도 문제 행동을 하는 경우도 있다. 원칙을 가르치고 절대 하면 안 되는 행동에 대한 경계를 세우고 설득해도 계속 반복되는 문제 행동도 있다. 이럴 땐 우리 아이의 가치관과 신념을 점검해보아야 한다.

다음의 상황에서 왜 아이의 행동이 달라지지 않는지 원인을 짐작해보자. 그리고 어떤 생각이 아이 행동의 기준으로 자리 잡고 있기에 계속 저런 행동을 하는지 파악해보자.

· 상황1 ·

숙제를 저녁 9시 전까지 모두 끝내기로 약속했다. 하지만 아이는 계속 미루다 결국 10시가 다 돼서야 겨우 끝낸다. 그동안 엄마는 수없이 잔소리를 해야 한다. 숙제도 대충대충 한다.

· 상황2 ·

친구와 놀다 종종 싸운다. 울거나 소리 지르고 심하면 친구를 밀치기도 한다. 절대 때리는 건 안 된다고 가르치지만 아직 아이는 친구를 때린다.

각 상황에서 아이가 보이는 행동의 가장 큰 원인은 '이럴 때 이렇게 해도 된다.'라는 아이의 인식과 개념 때문이다.

숙제를 9시까지 끝내기로 약속은 했지만, 사실 그 약속을 진심으로 한 건 아니다. 여러 가지 이유로 하기 싫은 마음이 강한데 엄마가 시간 약속을 요구하니 대답은 했지만, 이미 마음속으로는 그 시간을 지킬 의지가 없다는 말이다. 그러니 당연히 미루게 된다.

미루는 행동 또한 미뤄도 된다는 생각 때문에 가능하다. 어떻게 그런 생각을 할 수 있는지, 얼마나 알아듣게 설명했는데 왜 그렇게 생각하는지 의아할 수 있다. 아이의 문제 행동이 자기 마음속의 행동 기준이라는 말을 잘 믿지 못하시는 분들을 위해 이렇게 질문드린다.

"혹시 도둑질하시나요?"
"혹시 아이에게 담배를 피우게 하시나요?"

어처구니없는 질문이다. 제정신을 가진 사람이라면 누구나 절대 하지 않는 행동이다. 그렇게 확실하게 말할 수 있는 이유는 그 개념이 강렬하게 자리 잡고 있기 때문이다. 어릴 적 가벼운 훔치기 행동을 생각해보자. 어려서는 남의 물건을 살짝 몰래 가져가는 경우도 꽤 있었다. 그러다 절대 훔치면 안 된다는 개념을 배우게 되면서 절대 하지 않는 행동이 되는 것이다.

조선 시대에 제주도에 표류한 네덜란드인 하멜의 『하멜 표류기』에는 당시 조선의 풍습에 대해 4, 5세에 담배를 배우기 시작해 남녀 간에 담배를 피우지 않는 사람이 극히 드물다고 적혀 있다. 담뱃잎이 처음 전래되었을 때는 아픈 사람에게 도움된다거나 소화를 잘 되게 한다는 등 약재로 인식되어 빠르게 전파되었고, 아이에게 담배를 주어도 된다는 인식이 있었기 때문에 가능한 일이었다.

우리가 어떤 행동을 하고 하지 않고의 기준은 인식과 개념 때문인 것이다. 친구를 종종 때리는 아이에게 친구가 너를 화나게 하면 때려도 된다는 생각이 몇 % 정도쯤 되는지 물어보았다. 아이는

50%라 대답한다. 결국 이 아이는 친구가 나를 화나게 할 때 절반은 때려도 된다는 생각을 가지고 있다. 그러니 절대 때리면 안 된다는 것을 설명해도 기본적인 자신의 생각 기준이 달라지지 않으면 행동이 바뀌지 않는다는 의미가 된다. 간혹 정말 엄마 아빠와 관계가 좋은 아이는 이렇게 말하기도 한다.

"엄마가 정말 싫어하면 안 할게요."

이 정도도 고마운 반응이다. 엄마가 너무 속상해하고 싫어하시니까 참겠다는 의미이다. 자신의 생각은 그대로이지만, 엄마를 속상하게 하는 건 싫어서 안 하겠다는 것이다. 하지만 이는 혹시라도 관계가 나빠지면 다시 자신의 생각 기준대로 행동할 수 있다는 전제가 여전히 깔려 있기 때문에 폭력 행동의 발생 가능성은 여전히 50%로 남아 있다.

친구를 때려도 된다고 생각하는 아이는 아무리 혼을 내도 그 행동이 달라지지 않는다. 그래서 때로는 그 행동이 단순히 도덕적으로 참아야 하는 기준이 아니라 범죄 행위임을 알려주는 것이 훨씬 더 효과적일 때가 많다. 학교폭력의 가해 행동을 하고서도 잘못을 깨닫지 못하는 아이들이 많다고 어른들은 걱정을 한다. 그 아이들이 이상한 아이들이 아니라, 아직 사회적 개념이 미성숙해서 그런 것이니 그 개념을 정확히 알게 하고 절대 하면 안 되는 행동임을 깨닫게 하는 과정이 필요하다.

스스로 깨달으면 달라진다

친구들에게 거부를 당하는 초등학교 3학년 준철이가 있다. 집단 프로그램을 진행하는데 반 친구들 모두 준철이와 함께하기를 노골적으로 거부하였다. 준철이가 따돌림을 당하는 게 분명하다. 그런데 그 이유를 물었더니 아이들은 준철이가 자신을 괴롭힌 사건들을 하소연하기 시작했다.

"학교 갈 때 정말 아무 짓도 안 했는데 준철이가 갑자기 뒤통수를 쳤어요."
"필통을 만날 뺏어가서 달라고 해도 빨리 안 주고 수업 끝나고 나서야 줄 때가 많아요."
"돈을 빌려달라고 해서 싫다고 했는데 억지로 뺏어가서 일주일 동안 돌려주지 않았어요. 선생님께 말해서 돌려받기는 했지만 아직도 그 생각만 하면 화가 나요."

이렇게 모두 준철이에 대한 불만들을 털어놓았다. 어쩌면 준철이가 먼저 친구를 괴롭혔고 그 결과로 모두에게 따돌림을 당하는 결과를 가져온 것으로 이해가 되었다. 그런데 과연 준철이는 왜 이런 행동을 하는 걸까? 그 이유를 알고 마음을 풀어야 할 것 같아 아이들을 설득했다.

"아무리 생각해도 선생님도 왜 준철이가 그런 행동을 했는지 모르겠어. 너희는 알아?"
"아니요. 모르겠어요."
"그렇지. 그러니까 우리가 딱 한 번만 초대해서 그 이유를 듣는 자리를 마련하자. 듣고 나서도 싫은 마음이 든다면 선생님도 더 이상 같이하자는 말을 하지 않을게."
이렇게 말하자 아이들이 웅성거리다 "좋아요. 딱 한 번만이에요." 라고 했다.

어렵게 준철이를 초대하는 걸 수용해주었다. 귀하게 얻은 기회라 어떻게 하면 아이들의 마음이 풀리고 준철이의 생각도 들을 수 있을지 고민하다 다 같이 '학교폭력에 관한 퀴즈'를 풀게 하고 그것에 대해 이야기 나누는 시간을 가졌다.

학교폭력에 관한 퀴즈

다음 상황을 읽고 죄가 있다고 생각하면 '유죄', 죄가 없다고 생각하면 '무죄'에 ○표 하세요.

① 길에서 핸드폰을 주웠다. 주운 것이니 돌려주지 않았다.(유죄, 무죄)

② 친구 집 앞에서 친구 자전거를 보았다. 잠겨 있지 않았다. 잠깐 타고 되돌려주면 되겠지 생각하고 자전거를 탔다. 그런데 친구가 자전거가 없어졌다고 경찰 아저씨께 신고했고, 나는 자전거를 타다가 걸렸다. 훔칠 마음이 아니었다. (유죄, 무죄)

③ 친구가 장난으로 다른 친구의 샤프를 훔치는데 교실 앞에서 망을 봐 달라고 해서 서 있었다. 나는 훔칠 의사가 없었다. (유죄, 무죄)

④ 화장실에서 싸움이 벌어져 한 친구가 다른 친구를 때리는데 나는 옆에서 구경만 했다. (유죄, 무죄)

⑤ 심심해서 장애가 있는 친구에게 가위바위보 게임을 하자고 했고, 지는 사람은 딱밤을 맞기로 했다. 내가 이겨서 딱밤을 때렸다. (유죄, 무죄)

결과: 모두 유죄

① 주운 물건을 주워서 자신이 가지면 '점유 이탈물 횡령죄'가 된다.

② 물건을 훔치는데 망을 봐주는 행위는 공범으로 해석되어 '특수절도

죄'에 해당된다.

③ 주인 없는 자전거를 타는 것도 '특수절도죄'에 해당된다.

④ 밀폐된 공간에서 묵시적 가담 행위는, 상대방에게 공포심을 갖게 하고 저항 의지를 포기하게 만들므로 이 또한 '폭행죄'에 속한다.

⑤ 장애라는 특징을 이용해 괴롭혔으므로 '장애인차별금지법'을 어긴 것이 된다.

그런데 퀴즈의 결과가 흥미롭다. 준철이뿐 아니라 아이들 대부분이 각각의 행동에서 죄가 되는지 아닌지 헷갈리는 아이들이 많았다. 연필로 친구를 살짝 찌르기, 친구 팔을 살짝 비틀기, 친구에게 침 뱉기, 집에 가는 친구 붙잡고 못 가게 하기, 장난으로 치고 도망가기, 친구 귀에 큰 소리 지르기, 화장실에 들어간 친구 못 나오게 문 막고 있기.

이런 행동이 모두 신체폭력이고 학교폭력에 해당된다는 사실에 놀라는 아이들이 더 많았다. 이렇게 학교폭력 예방 퀴즈를 풀면서 정확하게 알지 못했던 폭력에 대한 개념을 다 같이 확실히 인지하는 기회가 되었다.

특히, 준철이는 다른 아이보다 더 많은 정답을 틀렸다. 때리는 학생 옆에서 팔짱을 끼고 구경만 했을 경우도 죄가 성립된다는 점, 장난으로 뒤통수친 것도 폭행죄에 해당된다는 점을 전혀 몰랐다. 친구가 샤프를 훔치는데 교실 문 앞에 서 있어달라는 부탁으로 서 있었다면 자신은 무죄라 생각하는 점, 뺏었던 돈을 선생님이 알게 돼서 사과하고 갚았으므로 그건 결과적으로 빌린 게 되었다는 등 도덕적 판단력에 큰 혼란이 있었다. 자신이 잘못 알고 있었다는 사실에 많이 당황하고 놀란 준철이가 이렇게 묻는다.

"그럼 장난으로 친구 팔목을 잡아 흔드는 거는 괜찮죠?"

"아니, 친구가 싫다고 하면 그건 폭력이야. 폭행죄에 해당하지."

준철이는 올바른 행동에 대한 개념이 제대로 발달하지 못했다. 아마도 체벌에 익숙한 아이거나 잘못 접한 정보에서 그런 행동은 해도 된다고 잘못 배운 결과일 것이다. 중요한 것은 이렇게 다 같이 행동의 올바른 기준에 대해 제대로 이해하는 과정이 아이들 모두에게 아주 큰 배움의 기회가 되었다는 사실이다. 아이들은 준철이에게 화가 났던 상황에 대해 이제 직접 물어보고 준철이의 대답을 듣는 시간을 가졌다.

준철이는 친구들의 폭풍 질문에 "미안. 전부 다 장난이었어. 너네랑 놀고 싶어서 그랬어."라며 울음을 터뜨렸다. 준철이가 그동안 잘못을 많이 했지만 이 아이도 어린아이일 뿐이었다. 자신이 무심코 한 행동이 범죄에 속한다는 사실과 친구들이 자신에 대해 원망하고 분노하고 있었다는 사실을 알게 된 것이 충격이었을 것이다. 그러니 제대로 사과하는 기회를 가지게 하는 것은 매우 중요하다. 이렇게 안전하게 서로 마음을 털어놓고 사과할 수 있는 기회를 만들 수 있어 참 다행이라는 생각이 들었다. 준철이가 울면서 미안하다고 너희랑 놀고 싶어서 그랬다는 말에 아이들이 갑자기 조용해졌다. 잠시 후 2명의 아이가 차례로 이렇게 말한다.

"아마 준철이가 친구가 없어서 그랬을 거예요."
"우리 엄마가 친구를 괴롭히는 아이는 마음이 약해서 그런 거라고 했어요."

이 말에 전체 분위기는 준철이를 용서해주는 방향으로 전환되었다. 준철이와 함께한 시간이 매우 성공적이었다.

준철이와 반 친구들의 이야기에서 우리는 중요한 깨달음을 얻게 된다. 아이들의 문제 행동이 그리 나쁜 의도가 아니었기에 친구가 힘들었다는 사실을 알면 잘못된 행동을 반성할 수 있다는 점, 아무리 서로 관계가 나쁘고 원망한다 해도 이렇게 서로의 진심을 이야기할 수 있는 기회가 있다면 오해가 풀릴 수 있다는 점, 그리고 잘못 알고 있었던 행동의 기준으로 인해 자신도 모르게 나쁜 행동을 했지만 행동의 경계를 분명히 알고 나면 얼마든지 달라질 수 있다는 점이다. 특히 마지막 사항을 강조하고 싶다. 잘못된 신념에 대해 올바른 깨달음을 얻는 경험을 우리 아이에게 제공하는 것이 매우 중요하다는 사실이다.

아이들은 모두 행복해지고 싶으며 잘 자라고 싶다. 그래서 순간 순간 자신의 욕구를 채우기 위해 행동한다. 하지만 아직 미숙해서 자신의 행동이 사회적으로 어떤 의미인지 모르는 경우가 더 많다. 그래서 잘못을 저지를 때마다 부모는 아이를 훈육한다. 다시 강조하지만 훈육은 혼내고 벌주는 게 아니라 가르치는 것이다. 지금까지 훈육이 실패했다면 그건 가르치지 않고 혼내고 벌을 주어 아이를 무섭게 하고 원망과 상처만 남게 한 것일 수 있다. 아이를 훈육할 때는 마음을 따뜻하게 보살펴야 한다. 행동의 원칙을 잘 지키도록 단단하게 경계를 세워서 아이가 그 경계를 넘어서는 행동을 하지 않도록 지켜야 한다.

그럼에도 잘 바뀌지 않는 행동은 아이가 그런 행동을 해도 된다는 생각과 인식과 개념 때문이다. 그래서 새롭게 깨닫도록 도와주어야 한다. 아이가 문제 행동을 할 때마다 '문제가 아니라, 아직 배우지 못해서 그렇다.'는 생각으로 어떤 방식이 우리 아이를 가장 잘 가르치는 훈육의 방식인지 현명하게 찾아갈 수 있으면 좋겠다.

과연 우리 아이가
달라질 수 있을까

"이런 게 훈련한다고 달라져요? 상담받는다고 아이가 잘못 생각하는 게 정말 바뀌나요? 당분간 조금 잠잠해지긴 하겠지만 그런다고 아이가 전혀 다른 생각을 하는 아이로 바뀌는 건 아니잖아요."

아이를 달라지게 하는 것에 대해 방법도 알려주고 좋은 결과를 보여주는 사례들을 아무리 알려주어도 이렇게 질문하는 사람들이 많다. 어쩌면 마음의 변화에 대한 불신이 너무 강하게 자리 잡고 있기 때문이다. 순간적인 공격적 행동은 잠시 달래주는 상담을 진행하면 잠잠해질 수 있지만, 이미 아이의 습관화된 행동, 이유를 알 수 없는 질투와 경쟁적인 행동, 작은 일에도 쉽게 화내고 짜증내고 뒤집어지는 아이가 근본적으로 달라질 수 있을 거라 믿지 않기 때문이다.

그렇다면 지금 우리에게 필요한 건 문제적 상황 순간순간의 대처가 아니라, 아이의 심리적 본질에 대한 철학적 태도라는 말이 된다. 달라질 수 있다고 믿고 심리치료를 하는 것과 뭔가 한계가 분명하다고 믿고 접근하는 건 이미 그 결과에 대한 한계치를 설정해놓은 것이나 마찬가지이다.

　혹시 사람은 달라지지 않는다는 신념을 가지고 있다면 한번 생각해보자. 그 말이 정말 맞다면 교육이 필요 없고 종교도 철학도 심리치료도 다 소용이 없다는 말과 다르지 않다. 하지만 실제로는 그렇지 않다.

　기질과 욕구 강도는 변하지 않지만 성격은 얼마든지 성숙하게 변할 수 있다. 무수히 많은 사람들이 예전의 힘들고 불행한 모습을 버리고 보다 건강하게 성숙하게 살아가고 있다는 사실을 기억하면 좋겠다.

5교시

공부

배우는 재미가
스스로 공부하게 한다

공부에 몰입하는 아이 vs
짜증 내는 아이

공부에 짓눌린 아이

초등학교 2학년 우진이는 수학이 너무 어렵다. 숫자 공포증처럼 숫자만 봐도 표정이 굳어진다. 수학 교과서에 두 자릿수 덧셈이 나오기 시작하자 자신은 수학을 못 하겠다며 아예 설명을 들으려 하지도 않는다. 엄마는 이런 아이를 붙잡고 공부시키는 게 너무 힘이 든다.

그렇다고 우진 엄마가 다른 엄마들처럼 공부를 많이 시키는 것도 아니다. 가장 기본적으로 해야 할 숙제를 시키는 것이다. 솔직히 그 숙제의 양은 아이가 마음먹고 한다면 10분 정도면 끝날 분량이다. 한 페이지에 네다섯 문제가 나오고 그거 3쪽만 풀면 되는데 뭐 그리 힘들겠는가? 두 자릿수 덧셈이라고 해봤자 그 원리는 한 자릿

수 덧셈을 차근차근하면 되는 것이고, 그 정도는 충분히 할 수 있는데도 왜 아이가 "안 해, 싫어. 못 해, 어려워."라고만 외치는지 엄마는 너무 답답하고 속이 터진다.

엄마가 계속 옆에서 빨리하라고 채근을 하자 우진이는 씩씩거리며 연필을 꽉 쥐고 책에 구멍을 낼 듯 힘을 주고 선을 그어 책이 찢어지기까지 했다. 엄마는 아이에게 소리 지르고 등짝도 때리고 혼을 내보았지만 억지로 계산을 하게 만들 수는 없었다. 소리 지르며 우는 아이의 굵은 눈물 방울을 보며 이렇게까지 아이를 힘들게 하는 게 너무 잔인한 것 같아 혼내기를 멈추고 아이를 달래주었다. 그래도 숙제는 해야 하니 그냥 엄마가 답을 불러주고 정답을 쓰게 하고서야 상황이 마무리가 되었다.

날마다 이런 일이 반복되자 엄마는 담임 선생님께 상담을 요청드렸다. 아이가 숙제를 너무 힘들어 하니 당분간 안 해도 봐주시길 부탁했다. 하지만, 담임 선생님은 이런 엄마를 이해하지 못한다. 아무리 공부를 안 해도 진도는 맞추어 나가야 한다고 했다. 그리고 이렇게 계속 뒤처지다간 나중엔 아이가 더 힘들어진다며 어떻게든 집에서 수학 숙제를 꼭 시켜야 하고, 엄마가 가르치기 힘들면 학원을 보내거나 과외 선생님이라도 붙여서 진도를 따라가야 한다고까지 말씀하셨다. 선생님의 말씀을 무시할 수가 없어 엄마는 또 아이를 붙들고 수학 숙제를 시킨다. 2학년밖에 되지 않은 아이에게, 이렇게까지 싫다고 몸부림치는 아이에게 과외나 학원을 보내는 것도 못 할 짓 같아 차마 그러시도 못한다.

도대체 우진이는 왜 이렇게까지 수학을 싫어하고 못하게 되었을까? 태생적으로 수학을 싫어하는 아이로 태어났기 때문일까? 아니면 수 세기를 시작하는 단계에서부터 문제가 있었던 것일까? 엄마는 그렇지 않다고 말한다. 오히려 6살 때는 숫자 놀이를 좋아했고, 한 자릿수 덧셈은 즐겁게 잘하는 편이었다고 한다. 그런데 왜 이런 일이 생겼는지 엄마는 짐작되는 이유가 있다며 우진이의 지난 이야기를 들려주었다.

주변의 분위기에 따라 우진이는 6살 때부터 영어 유치원을 다니기 시작했다. 처음엔 별문제가 없었다. 하지만 영어 유치원, 엄밀하게 말하면 영어 학원에서 친구들과 잘 지내지 못했다. 수업시간 중에 외국인 선생님에게 짜증을 내다 책을 던진 사건이 있었고 종종 친구들과 크고 작은 다툼이 생겼다. 처음엔 단순히 아이가 아직 어려서 생길 수 있는 일이라 생각했지만 사건은 엉뚱하게 번져갔다.

우진이와 소소한 다툼이 있었던 아이들 엄마가 어느새 뜻을 모아 유치원에서 우진이를 나가게 해달라고 요청한 것이다. 그렇지 않으면 자기들이 단체로 그만두겠다고 협박성 요구를 하였다. 영어유치원 기관장은 지극히 상업적 목적에 부합하는 태도를 보였다. 다른 부모님들의 항의가 많으니 나가달라는 요청을 한 것이다.

우진이 엄마는 너무 충격을 받았다. 어떻게 교육 기관에서 이렇게 비교육적인 모습으로 아이를 내칠 수 있는지 이해가 되지 않았다. 그리고 그 분노와 복수심에 아이를 제대로 공부시켜서 나중에 코를 납작하게 만들어주겠다고 결심했다. 다른 영어 유치원으로 옮겼고, 집에서는 더 열심히 우진이를 공부시켰다. 수학은 7살부터 엄마가 가르치기 시작했다. 그러자 초등학교 2학년이 된 우진이는 지금의 모습을 보이게 된 것이다.

대강의 이야기만 들어도 우진이의 수학에 대한 학습 태도가 단순히 수학을 싫어하는 문제만이 아니라는 생각이 든다. 억지로 시키기 시작한 공부에서 심리적 문제가 발생하기 시작했고, 어느새 수학에 대한 태도도 이렇게 부정적인 모습으로 자리 잡게 되었다. 엄마는 그제야 아이를 양육해온 방법에 무언가 문제가 있다는 걸 깨닫기 시작했다. 그럼 이제 어떻게 해야 할지 질문했다.

아이의 학습 문제로 인한 정서 문제의 심각성은 더 강조하지 않아도 잘 알고 있다. 그런데 남의 아이일 때는 너무나 현명하게 판단할 줄 알지만, 이상하게도 내 아이 문제일 때는 이성적인 판단을 하기가 어려워진다. 우진이가 공부에 대한 흥미도 느끼지 못한 채 억지로 하면서 심리적 스트레스가 매우 높아진 상황이 한눈에 보였다.

한번 생각해보자. 이 아이가 나중에 공부를 자발적으로 열심히 하게 될 거라 짐작이 되는가? 절대 그렇지 않다. 아마도 우진이는 학년이 올라가면서 숙제와 공부, 시험과 성적 때문에 짜증내고 화내고 폭발하는 정도가 점점 심해질 것이라 예상된다. 게다가 지금처럼 계속하다간 아마도 아이에게 더 심각한 심리적 문제가 나타나게 될 것이다.

이제, 어떻게 하면 이 아이를 도와서 안정적인 정서 발달을 도모하면서 동시에 학습 과제도 충분히 수행할 수 있는 능력을 키워주어야 할지 고민해보아야겠다.

그런데 우선, 모든 아이들이 우진이처럼 공부하기를 싫어하고 거부하지 않는다는 사실도 생각해보아야 한다. 초등학교 1학년 교실에서 선생님이 질문을 하면 서로 손을 들고 발표하겠다고 외친다. 그러던 아이들이 5, 6학년이 되면 발표하겠다는 숫자가 확연히 줄어든다. 그사이 아이들의 공부에 대한 심리적 태도가 엄청나게 달라졌음이 눈에 보인다. 전체적인 맥락을 보면 우리 아이가 어떤 모습으로 변화해갈지 조금은 짐작할 수 있다. 열심히 손들고 학습 의욕을 보이던 아이들 중에 어떤 아이가 점점 공부와 담을 쌓게 되는 것일까?

물론 학교 공부와 담을 쌓는다고 해서 실패한 인생을 사는 건 절대 아니다. 학교 공부를 잘 따라가지 못한다고 해서 진짜 공부를 못하게 된다는 것도 아니다. 하지만, 학교 공부를 따라가지 않고도 건강하게 자신의 삶을 꾸려가는 아이들은 공부 상처가 별로 없는 아이들이다. 자신의 주관과 목표가 뚜렷하고 하고 싶은 의지도 강력해서 어디서 무얼 하든 자신의 앞길을 잘 개척해나갈 수 있는 아이들 이야기이다.

불행하게도 그런 아이들의 비율이 그리 높다고 생각되지 않는다. 대부분의 아이들은 우진이처럼 공부 때문에 정서 발달에 문제가 생기고, 또한 인지적 발달의 지표가 되는 학교 공부에서 뒤처지면서 공부 상처까지 더해져 심리적으로 심한 상처와 좌절감에 힘겨워지는 것이다.

이제 우진이 같은 아이를 도와주기 위해 먼저 우진이와 전혀 다른 발달 모습을 보이는 아이를 살펴보며 그 비결이 무엇인지 섬세하게 알아보자.

공부가 재미있다는 아이

6살 진우가 열심히 숫자를 센다. 과자를 먹을 때도 하나, 둘, 셋, 넷을 세기를 좋아했고, 엘리베이터를 타면 늘 1층부터 꼭대기 층까지, 다시 거꾸로 세기도 즐겼다. 그러다 언젠가부터는 과자를 먹거나 포도 같은 과일을 먹을 때 엄마, 아빠, 진우 모두에게 같은 숫자로 나누어 주는 놀이도 즐겼다. 길을 걸으며 가로수가 몇 그루인지 세며 재미있어했다. 엄마랑 한 사람씩 차례로 숫자 100까지 바로 세기도 하고 거꾸로 세기도 했고, 2의 배수, 5의 배수로 세기도 즐겼다. 물론 숫자 놀이만 한 건 아니다. 눈에 보이는 사물 이름 말하기도 했고, 끝말잇기 놀이도 했다.

그렇다고 진우 엄마는 공부를 가르친 게 아니었다. 새로운 걸 좋아하는 아이의 특성에 맞게 날마다 아주 조금씩 새로운 걸 가르쳤고, 아이는 말할 줄 알고 셀 줄 아는 게 하나씩 늘어날 때마다 신나고 즐거워했다.

7살이 되면서부터는 보드게임 놀이도 시작했다. 주사위 게임, 같은 과일 그림이 5개가 되면 종을 치는 할리갈리 같은 게임도 즐겼다. 같은 그림이 2장씩 있는 카드를 섞어서 뒤집어 2장씩 차례로 열어보며 같은 그림을 찾는 기억력 게임도 좋아한다. 이런 놀이를 할 때마다 진우가 주로 하는 말은 이렇다.

"나 이거 좋아해. 내가 잘할 수 있어. 내가 할 거야. 메모리 게임 좋아해. 퀴즈 푸는 게 재미있어."

이렇게 자라 2학년이 되었을 때 진우는 학교 가는 게 너무 즐거웠다. 친구들 만나는 것도 좋고 수업 시간도 즐겁다. 물론 싫어하는 것도 있었다. 받아쓰기 시험은 1학년 때부터 좋아하지 않았다. 책도 자주 읽어주었고, 아이가 혼자서 책을 보기도 하지만 한글은 7살 겨울이 되어서야 '가나다라'를 읽기 시작했다. 다른 아이들보다 조금 늦은 편이어서 그런지 받아쓰기 시험에 대해서는 부담을 느꼈고, 60점 전후의 성적을 받았다. 엄마도 그 점수가 걱정되고 마음에 들지 않았지만, 늦게 깨쳤으니 당연하다는 생각으로 아이에게 부담을 주지 않았을 뿐 아니라, 3학년 정도가 되면 충분히 잘하게 될 거니 걱정 말라고 아이를 오히려 안심시켰다. 그 덕분인지 받아쓰기를 싫어하지만 크게 스트레스를 받지는 않았다.

진우는 늘 머리를 쓰는 놀이를 더 좋아했다. 주사위 2개나 3개를 굴려 더 큰 숫자 만들기 놀이, 혹은 복잡한 미로찾기와 조각 수가 많은 퍼즐에 도전하기를 즐겼다. 보드게임 중에서도 운에 의해 결정되는 확률 게임보다는 인지적 능력을 사용하는 전략 게임을 더 좋아했다. 숫자 퀴즈도 좋아하고 뭐든 새롭게 응용하는 것에 큰 관심을 보였고, 그런 과제를 줄 때마다 더 몰입하는 모습을 보였다. 진우가 제일 좋아하는 과목은 보통 아이들이 제일 싫어하는 수학이다.

이제 우진이와 진우 두 아이를 비교해보자. 사람마다 좋아하는 과목이 다르니 수학이라는 특정 과목만 가지고 비교한다는 것이 적절치 않을 수도 있다. 그렇다면 서로 싫어하는 과목에 대한 심리적 태도를 비교해보자. 우진이는 수학이 싫고 진우는 받아쓰기가 싫다. 그래서 우진이는 수학과 관련된 숫자와 기호만 보아도 싫은 느낌에 진절머리를 내지만, 진우는 그럭저럭 스트레스받지 않고 글자에 미숙한 시간을 잘 견디며 보내고 있다.

우진이는 두드러지게 수학에서 가장 큰 문제를 드러내고 있지만, 그뿐만 아니라 다른 상황에서도 심리적 안정감이 부족해 쉽게 화내고 짜증스럽다. 중요한 건 특별히 좋아하고 즐기는 것 없이 학교생활은 힘이 들고, 공부 전반에 대해 부정적인 인식이 강해지고 있다. 반면 진우는 받아쓰기 외의 과목에서 대부분은 배우기를 즐기고, 특히 새로운 걸 알게 되면 재미있어하며 무엇보다 인지적 노력이 필요한, 머리를 써야 하는 과제를 보면 더 흥미를 느끼고 몰입을 잘한다.

한눈에 보아도 두 아이의 차이가 너무 극명하다. 이제 우진이도 진우처럼 뭔가 재미있고 새롭게 배우기를 즐기며 자신이 좋아하고 관심 있는 영역에 대해서는 집중하고 몰입할 수 있는 능력을 키워가야 하는 게 분명하다. 학원과 과외를 시키는 것만으로 배우고 공부하는 것에 대한 우진이의 인식이 쉽게 달라지지 않을 거라는 건 너무나도 분명하다. 어떻게 하면 우진이의 배움에 대한 심리적 태도가 달라질 수 있는지 알아보아야겠다.

공부 흥미를 기르는 건 '재미'

EBS 다큐 '공부의 왕도'에서는 종이비행기 날리기 프로젝트를 통해 어떤 배움이 아이에게 필요한지 말해준다. 종이비행기 날리기로 인지적 재미가 어떤 것인지 좀 더 자세히 알아보자.

초등학교 3학년 A, B, C 세 팀의 아이들이 종이비행기를 접어 날리기를 한다. 어떤 방법으로 접어서 어떻게 날리면 가장 멀리 날아갈까를 연구하는 것이 과제다. 선생님은 아이들이 날린 종이비행기를 다시 펴서 왜 오른쪽으로 날아갔는지, 어떤 비행기가 더 멀리 날아갔는지 그 원인을 분석해보라고 요구했다. 그리고 다른 모양으로 접어서 시도해보도록 유도하기도 한다. 그러고 나서 각 팀에게 서로 다른 과제를 주었다.

A팀은 그냥 종이비행기를 접어 열심히 날리고 어떤 비행기가 잘 나는지 그 특징을 기억해서 말로만 전하면 된다. B팀은 각각의 종

이비행기를 날리고 거리를 재어 개념도(마인드맵)로 그려서 정리하기로 한다. C팀은 종이비행기를 날리고 일일이 자로 잰다. 각 비행기들의 특징을 컴퓨터에서 표로 만들고 거리와 속도 등을 재서 수치까지 표기한다. 그리고 그 결과를 그래프로 만드는 과제를 주었다. 가장 복잡한 과제를 수행해야 하는 것이다.

이제 세 팀의 아이들이 종이비행기를 날리고 그 결과를 비교하는 과제에서 어떤 태도를 보일까? 그리고 이 작업 경험은 아이들에게 어떤 심리적 영향을 줄게 될지 우선 먼저 다음의 질문에 대해 생각해보자.

① 어느 팀의 아이들이 가장 재미있어할까?
② 어느 팀의 아이들이 자신의 과제를 제일 부담스러워할까?
③ 결과적으로 어느 팀의 아이들이 자신의 작업을 가장 만족스러워할까?
④ 어느 팀의 아이들이 이 활동을 통해 가장 배운 것이 많을까?
⑤ 이번 작업이 다음 과제에 미치는 영향을 짐작해보자.

아이들은 모두 신나게 종이비행기를 접었고, 가깝게 혹은 멀리 날아간 비행기를 다시 펴서 그 원인을 분석해보았다. 그리고 거기서 알게 된 사실을 바탕으로 다시 종이비행기를 접어 날리며 재미있어했다.

A팀은 날리고 비행기를 분석해보는 것까지의 역할이다. 그런데 B팀은 날려서 분석하는 데서 끝나는 게 아니라 개념도를 그려야 한다. C팀은 수치까지 기록해서 컴퓨터 작업도 해야 했다. 날리고 분석해서 말로 전하는 과제와 개념도를 그리는 과제, 복잡하게 분석해서 그 결과를 바탕으로 컴퓨터 작업까지 해야 하는 과제를 비교해보자. 과제가 어려워질수록 아이들의 재미는 줄어들 것 같다. 특히 C팀은 데이터를 구하는 작업이 어려워 흥미도가 떨어지고 많이 힘들어한다. 왜 이렇게 복잡하고 어려운 걸 시키는지 아이들은 조금은 불만스러운 태도를 보인다. 이제 각 팀의 결과를 살펴보자.

A팀의 아이들은 그 결과를 이렇게 말한다. 일단, "중심 추진력은 중간 크기 비행기가 제일 좋고, 날개는 큰 것보다 작은 게 더 좋아요." 나름 의미 있는 분석을 잘하였다. 그런데 날리기만 하는 작업이라 더 이상 할 일이 없어 다른 팀 아이들이 과제를 수행하는 동안 그냥 무료하게 기다리기만 한다. B, C팀의 작업을 지켜보다 자신들은 저런 작업을 하지 않아도 된다며 안심한다. 하지만, 아이들은 더이상 종이비행기 작업에서 재미를 느끼는 것 같아 보이지 않았다.

B팀의 아이들은 모두 의견을 모아 마인드맵을 그리고 그 결과로 좀 더 변형된 모양의 종이비행기를 다시 만들어보기로 한다. 어떻게 접으면 바람을 더 많이 받을 수 있는지 결과를 유추해내기도 한다. 개념도 그리는 게 번거로웠지만 점점 비행기들의 특징을 말하

고 적는 작업에 조금씩 열의를 보이는 걸 확인할 수 있다.

C팀의 아이들은 이 모든 과정을 서로 협력해서 진행해야 하므로 거리를 잴 때도 티격태격한다. 그리고 그 결과 수치를 컴퓨터로 자료화하는 작업도 진행해야 한다. 그 기록으로 통계를 내고 결과를 분석하는 것이다. 그런데 이 복잡한 과정을 진행하는 팀원들의 태도가 점점 흥미롭다. 어려울 것 같은데도 모두가 열심히 컴퓨터에 매달려 한 아이는 불러주고, 다른 아이는 그걸 그대로 컴퓨터에 입력하고, 또 다른 아이는 이 과정이 정확하게 수행되는지 살펴보는 역할을 제각기 열심히 수행해냈다. 어떤 조건에서 어떤 비행기를 날렸을 때 가장 좋은 결과가 나왔는지 그래프를 통해 한눈에 알아볼 수 있게 되었다.

이렇게 분석적인 방법을 수행한 후 각 팀은 어떤 심리적 영향을 받았는지 그 결과가 흥미롭다. 일단, A, B, C 세 팀의 아이들 모두 자기 주도적인 학습력이 더 좋아졌다. 기록으로 남기지 않은 A팀도 이미 선생님이 제시한 과제가 분석하고 생각하는 과제이기 때문에 좋은 영향을 받은 것이다. 반면 과학 수업에 대한 흥미도는 A팀보다 B팀이 더 높았고, 가장 복잡한 과제가 주어진 C팀의 아이들이 두드러지게 흥미도가 높아진 결과를 나타냈다.

C팀의 학습 흥미도가 가장 크게 높아진 건 매우 중요한 의미를 우리에게 전달한다. 이렇게 뭔가를 분석하고 기록으로 남기는 경험

은 그 과정이 조금 어렵고 복잡하지만 점점 더 몰랐던 걸 알게 하고 생각하고 몰입해가는 인지적 재미로 아이를 이끌어간다는 사실이다. 조금 어렵지만 깊이 연구한 아이들은 종이비행기가 옆으로 가는 걸 막는 방법을 알게 되었고, 어디를 잡아서 어떤 각도로 날리면 오래 나는지도 알게 되었다. 전에는 몰랐단 새로운 지식과 깨달음을 얻는 재미가 바로 인지적 재미이다.

부모는 아이들에게 재미있는 경험을 제공하기 위해 무척 애를 쓴다. 종종 키즈카페를 데려가거나, 아이가 좋아하는 운동 클럽을 알아보고 정보를 구한다. 특별한 날이면 놀이공원을 가기도 하고, 온갖 체험전을 데려가서 아이가 즐겁게 노는 모습을 보고자 한다. 그런데 그걸로 아이들은 만족하지 못했다. 만약 아이가 그렇게 재미있게 놀고도 금세 지루해하고 짜증이 늘어나고 할 일을 제대로 하지 않는다면 이제 아이의 즐거움에서 뭔가 다른 요소가 필요하다는 사실을 알아야 한다.

지금까지의 즐거움은 정서적 재미였다. 하지만 이걸로는 부족하다. 자신이 성장했다는 느낌을 얻기는 힘들고, 놀아도, 놀아도 뭔가 허전하다. 바로 이 지점이 정서적 재미는 있었지만, 인지적 재미는 느끼지 못했다는 말이 된다. 이제 우리는 성장하는 아이들의 진정한 재미인 인지적 재미에 대해 고민해보아야 한다.

공부가 즐거워지는
인지적 재미를 계발하라

뇌 활동을 자극하는 즐거움

재미란 외부의 어떤 자극에 의한 상호 작용의 결과로 발생하는 감정이다. 무언가를 보고 우리가 재미있다고 느낄 때 감각적으로 재미있다고 느껴지는 정서적 재미와 주어진 자극을 자신이 이미 가지고 있던 배경지식을 응용해 능동적으로 추론하고 해석해서 이해하면서 얻어지는 인지적 재미로 구분해 이해하는 것이 중요하다.

감각적 재미는 영화나 애니메이션 혹은 게임에서 쉽게 경험할 수 있다. 화려한 색채와 배경, 눈을 사로잡는 실감 나거나 환상적인 특수 효과, 우스운 대사나 독특한 억양과 말투, 혹은 슬랩스틱 같은 웃긴 몸짓과 과장된 행동, 동물 흉내 내기 등 시각, 청각, 촉각 등의 감각을 자극해 재미를 느끼게 하는 것이다. 우리가 어떤 것을 재미

있다고 표현할 때 가장 먼저 어떤 재미가 충족되는지 생각해보면 쉽게 이해할 수 있다.

그런데 아무리 흥미를 일으키는 배경과 웃긴 주인공이 등장해서 한참을 웃었어도, 보고 나니 왠지 시시하고 재미가 없다고 느껴진다면 그건 감각적 재미의 차원에서 인지적 재미로 한 단계 올라서지 못한 것이라 말할 수 있다.

아이가 어떤 책을 재미있다고 말했지만 다시는 손도 대지 않는 책이 있다면 그건 재미가 없었거나 잠시 정서적 재미를 느끼는 수준이었을 것이다. 이미 알았으니 더 이상 흥미를 불러일으키지 못하는 것이다.

그런데 어떤 책을 수십 번 수백 번을 읽어달라고 한다면 읽을 때마다 정서적 재미도 느끼지만 좀 더 깊은 인지적 재미를 느끼는 것으로 이해하는 것이 더 적절하다. 엄마가 보기엔 이유가 없어도 아이 마음에서는 아이의 정서를 자극할 뿐 아니라 무언가 끊임없이 느끼고 생각하게 해주는 인지적 재미를 불러일으키고 있다는 증거가 되는 것이다.

아이가 보고 또 보는 애니메이션이 있다면 아이가 그것을 좋아하는 이유는 현실에서 볼 수 없는 새로운 것을 보여주며, 그 상상력이 자신의 예상을 초월하는 놀라움을 보여주기 때문일 것이다. 또한 지금까지의 고정 관념과는 전혀 다른 새로운 시각으로 사물과 현상을 볼 수 있게 함으로써 재미를 느끼도록 해주었기 때문인 것이다. 바로 이런 재미를 인지적 재미라 한다.

내 아이에게 맞는 인지적 재미를 찾아라

인지적 재미는 관심 있는 주제, 완성도 높은 스토리, 사건의 전개와 결과에 대한 궁금증, 혹은 캐릭터의 성격과 가치관, 예측하지 못한 반전 있는 결과, 그리고 몰랐던 놀라운 사실 등에 의해 흥미를 느끼는 것을 말한다. 이는 학습에서도 마찬가지이다. 덧셈과 뺄셈, 혹은 구구단을 외울 때 단순 암기가 너무 지루한 아이들은 재미가 없게 느껴지지만, 똑같은 과제를 푸는 아이들 중에는 자신이 정답을 알아맞힐 때의 만족감과 성취감으로 인지적 재미가 자극이 되어 다음 과제를 더 잘하고 싶은 동기로 연결되는 아이도 있다.

『마법 천자문』, 『그리스 로마 신화』, 『Why 시리즈』 등이 아이들의 흥미를 불러일으키고 즐겨서 보는 책들이다. 그 책들을 통해 아이들의 배경지식이 많아지는 건 분명 도움이 되는 일이다. 그런데 안타깝게도 단편적 지식을 기억하는 데 머무르는 경우가 더 많다. 『그리스 로마 신화』와 『삼국지』 같은 역사 만화를 본 아이들이 수준 있는 역사 공부로 진전되지 못하는 경우가 더 많다. 이를 보다 수준 높은 인지적 재미의 단계로 성장하게 하려면 무엇을 어떻게 해야 하는 걸까?

인지적 재미를 느끼는 단계로 이끌어주기 위해서는 몰랐던 것을 알게 되었을 때의 반가움, 새로운 걸 알았을 때의 신기함, 막혔던 문제가 풀렸을 때의 쾌감, 더 알고 싶은 욕구를 샘솟게 해주어야 한다. 이제 부모와 교사가 할 일은 우리 아이들이 새롭게 배워야 할 지식과 지혜들에서 인지적 재미를 느끼게 해주는 것이다. 역사 만화를 읽고 재미있어한다면 좀 더 깊이 있는 역사 이야기를 전해주는 책으로 연결할 수 있도록 이끄는 것이 재미의 발달을 도와주는 일이다.

그런데 안타깝게도 인지적 재미를 키우는 방법은 아직 그리 많이 알려져 있지 않다. 하지만, 경험적으로 볼 때 아주 사소한 물건 하나라도 그 속에 숨어 있는 의미와 몰랐던 사실을 통해 아이들은 인지적 재미를 키워가는 모습을 보여준다. 부디 다음에 제시하는 방법들을 활용해 우리 아이의 인지적 재미를 잘 키워가길 바란다.

인지적 재미를 키우는 방법
5가지

혹시 우리 아이가 '의욕이 없다, 공부를 싫어한다, 어려운 문제가 나오면 아예 풀 생각을 안 한다, 아는 것도 틀린다'와 같은 증상을 보이고 있다면 우선 아이의 인지적 재미를 살려내는 일이 가장 중요하다. 여기에 제시되는 방법들은 많은 아이들이 인지적 재미를 느끼고 발전하는 방법이다. 그렇다고 우리 아이가 모든 방법을 좋아하게 되는 것은 아니다. 우리 아이에게 맞는 방법을 찾아가는 연결 다리 역할이 부모의 중요한 역할이다. 중요한 건 우리 아이가 흥미를 느끼는 방법이라는 걸 꼭 기억하기 바란다.

방법1. 무엇이든 비교해보자

2가지 이상의 사물을 비교하는 것은 몰랐던 사실을 깨닫게 하는 데 큰 도움이 된다. 떡과 케이크 비교하기, 콩쥐 팥쥐와 신데렐라 비교하기, 친구의 자전거와 나의 자전거 비교하기, 여학생과 남학생의 공통점과 차이점 분석하기 등 비교의 대상은 무궁무진하다.

아래와 같이 '( )와 ( )의 비슷한 점과 다른 점을 비교해보세요.'라고 빈칸을 만들어두고 여기에 들어갈 비교 대상을 한 가지씩 만들어보자. 한 번씩 할 때마다 점점 더 잘하게 된다. 이렇게 지금까지 생각해보지 못했던 것을 생각하고 기록으로 남기는 작업만으로도 아이들은 인지적 재미를 느낀다.

( )와 ( )의 비슷한 점과 다른 점을 비교해보세요	
( )과 ( )는 비슷해요.	( )과 ( )는 많이 달라요.
( )과 ( )는 비슷해요.	( )과 ( )는 많이 달라요.
( )과 ( )는 비슷해요.	( )과 ( )는 많이 달라요.

이때, 아이의 생각을 이끌어내는 대화가 중요하다. 즐겁고 유쾌한 태도로, 천천히 말하며 아이가 자신의 두뇌의 시냅스들을 연결하여 생각을 이끌어낼 수 있는 충분한 시간을 주는 것이 중요하다. 또한 한 가지라도 말을 하면 그 내용이 약간은 엉뚱하다 해도 무조건 칭찬해야 한다. 만일 맥락이 맞지 않다고 느끼면 그 이유를 질문

하면 된다.

"비슷한 게 뭐가 있을까? 천천히 생각해봐. 전부 다 안 해도 돼. 딱 한 개만 생각해보자."

"엄마, 한 가지 생각났어. 아빠랑 ○○이는 비슷해요. 잠잘 때 두 팔을 하늘로 만세 부르고 자는 게 완전 똑같아요."

"그렇게 생각한 이유가 뭐야? 와! 그렇구나. 기발하다."

또는 한 가지 비교 대상을 가지고 비슷한 점, 차이점, 특이한 점을 깊이 있게 비교해보는 것도 효과적이다. 처음엔 흥미를 느끼지 못할 수 있지만, 비교 항목이 채워질수록 아이는 스스로 감탄하고 뿌듯해한다. 바로 그런 경험이 아이의 인지적 재미를 키워주는 일이다.

질문2. 궁금한 점 질문으로 만들기

간식으로 맛있는 떡볶이를 먹는다. 이때 아이와 함께 떡볶이에 대한 궁금한 점 3가지 찾기 놀이를 해보자.

떡볶이는 누가 제일 처음 만들었을까?

떡볶이 종류는 몇 가지일까요?

함께 먹고 싶은 사람은 누구인가요?

엄마는 나에게 왜 떡볶이를 만들어주실까요?

질문 만들기의 주제는 무궁무진하다. 아이가 좋아하는 뽀로로부터 터닝메카드에 관한 것도 좋다. 뽀로로는 누가 만들었는지, 그림은 누가 그렸고, 이야기는 누가 만드는지? 그림과 이야기가 애니메이션으로 만들어지는 과정에 대해 알아보는 것도 좋고, 몇 살이 되면 더 이상 뽀로로를 보지 않게 되거나 유치하다고 생각하게 되는지도 좋은 질문이 된다. 뽀로로라는 캐릭터로 어떤 상품을 개발하고 돈을 얼마나 벌 수 있는지에 관한 질문도 모두 좋은 질문이다. 아이들은 예시 질문보다 훨씬 재미있는 질문들을 많이 만들어낼 수 있다.

이렇게 사물이나 대상에 대한 궁금한 점을 질문으로 만드는 활동이 아이의 인지적 재미를 증폭시켜준다.

또한 그 답을 찾아가는 과정도 재미가 있다. 스마트폰과 인터넷을 스마트하게 사용해보자. 검색창에 어떤 말을 써야 하는지 생각해보는 것이다.

똑같은 주제에 대해 검색하는 과제를 주었을 때 그 결과물은 사람마다 다르다. 이유는 어떤 검색어를 치는가에 따라 인터넷의 검색 결과는 완전히 달라지기 때문이다. 그런 걸 깨달아가는 과정에서 인지적 재미를 느낄 줄 아는 아이로 자랐으면 좋겠다.

질문3. 관련 주제를 놀이로 만들기

남매 가수 악동뮤지션은 오빠와 여동생이 함께 즐겨 했던 놀이로 '책 펴고 랄랄라'라는 놀이를 소개했다. 어떤 주제의 책이든 상관없다. 책 한 권을 앞에 놓고 아무 데나 딱 편다. 그리고 바로 그 페이지의 글을 그대로 노래로 만들어 부르는 놀이다. 오빠는 동생이 요청하는 분위기를 적용해 기타로 즉흥 반주를 하고, 여동생은 그 반주에 맞추어 책의 내용을 노래 가사로 부르는 놀이다.

악동뮤지션이 오디션 프로그램에 나왔을 때 관객들은 모두 그렇게 창의적이면서도 밝고 개성 있는 그들만의 노래를 만들고 부를 수 있는지 궁금해했다. 전 국민이 감탄하며 기발한 가사와 노래에 환호했던 그 원동력이 바로 이렇게 자신들이 좋아하는 활동을 놀이로 만들어 노는 데서 발전되었을 거라는 걸 쉽게 짐작할 수 있다.

이렇게 아이들이 좋아하는 주제로 얼마든지 놀이를 만들어 놀 수 있다. 관심 있고 흥미로운 것을 즐기는 놀이로 만들 수만 있다면 누구나 그 무한한 잠재력을 발휘할 수 있는 것이다.

역사를 좋아하는 아이는 왕과 역사 인물로만 끝말잇기 놀이를 하자고 제안한다. 자동차를 좋아하는 아이는 자동차 이름으로 빙고 게임을 하자고 매달리며, 공룡을 좋아하는 아이는 공룡을 분류하고 이름을 외우고 그 특징을 알아가는 것이 바로 인지적 재미의 세계로 빠져드는 과정이다. 부모는 아이의 관심이 좀 더 깊은 지식으로 이어질 수 있도록 다양한 책과 자료를 제공해주는 역할만 해도 된다. 다만, 어른들의 잘못된 고정 관념으로 학교 교과 공부가 아니니 쓸데없는 거 그만하라는 어리석은 대응만 하지 않으면 성공이다.

질문4. 나만의 퀴즈 노트 만들기

SBS 프로그램 '집사부일체'에서 개그맨 유세윤이 아들과 함께 만드는 퀴즈 노트가 공개되었다. 그 노트를 보자마자 기발한 아이디어와 그걸 실천하는 아빠 유세윤의 모습에 무척 반가웠다. 퀴즈 노트는 아빠와 아들의 좋은 관계를 만들어주고, 서로의 마음을 알아주는 소통의 역할을 아주 잘하고 있을 뿐 아니라 아이의 인지적 재미를 키워주고 있었기 때문이다. 질문을 만드는 활동은 대부분의 효과적인 학습법과 논술 교육, 혹은 창의성 교육에서도 빠지지 않고 등장한다. 퀴즈의 한 예이다.

Q: '설렌다'라는 마음이 생기는 순간을 3가지 이상 적으시오.

A: 설레임(아이스크림) 먹을 때, 성적표 받을 때, 아빠가 문제 낼 때

어떤가? 아빠의 퀴즈에 아이는 재미를 느끼고, 기발한 퀴즈는 자신이 미처 생각하지 못한 사실을 깨닫게 하면서 인지적 재미를 충분히 충족시켜주고 있는 것이다. 또한 부모도 아이가 어떤 생각을 하는지 알아볼 수 있는 중요한 계기가 되기도 한다. 바로 이런 방법을 응용해보자.

아이가 관심 있는 것에 대한 퀴즈 노트를 만들고, 그에 대한 답을 차근차근 찾아 기록해가는 과정이다. 일주일에 단 하나의 질문을 만들어도 좋다. 그게 모이면 엄청난 자료가 된다. 아이가 싫어할까 걱정하지 않아도 된다.

아이들과 퀴즈 만들기 놀이를 하면 늘 느끼는 감정이 바로 신기함이다. 신기하게도 아이들이 이 과정을 즐긴다. 처음엔 힘겨워하다 하나둘씩 질문을 만들고, 아이가 만든 질문이 아무리 허접해도 지지하고 격려해주면 점점 재미있는 질문을 만들며 그 과정을 즐기게 된다.

그때 아이의 눈빛은 반짝이며 성장을 향해 달려가고 있는 것이 보인다. 아마도 생각해보지 못한 것을 알아가는 과정 자체가 인간의 성장 과정에서 가장 핵심적인 요소이기 때문일 것이다.

혹시 따로 공책을 만들어 진행하기가 버겁다면 '질문일기'로 활

용하면 좋다. 일기는 얼마든지 다양한 방식으로 써도 된다. 그러니 오늘의 궁금증, 엄마에게 궁금한 점, 친구에게 묻고 싶은 것, 장난감은 누가 만들었을까 등 질문 목록만 만들어도 매우 훌륭한 일기가 된다.

첫 문장은 '오늘은 내가 궁금한 점을 모두 떠올려보았다.'로 시작하면 된다. 10가지의 궁금증을 적고 나서 맨 마지막 문장에는 '이렇게 궁금한 점을 다 적어보니'로 문장의 시작을 가르쳐주고 뒷말은 아이가 채우게 하면 된다. 퀴즈나 질문은 대부분의 아이들이 즐기는 매우 좋은 방식의 인지적 재미 놀이이다. 우리 아이들은 모두 이렇게 인지적 재미를 추구하는 성향을 가지고 태어났다는 사실을 기억하자.

막연하게 질문 만들기가 어렵다면 책을 읽고 난 후, 그 이야기에 관한 질문 만들기. 애니메이션 보고 나서, 식당에서 밥을 먹으며 음식에 대해서, 혹은 그 식당에 대한 질문 만들기도 좋다. 아무 생각 없이 접하던 것들에게 물음표를 붙이는 순간 아이의 시야는 넓어지고 세상을 보는 눈이 또래보다 훨씬 성숙해진다. 바로 그 과정이 아이의 인지적 재미를 키워가는 과정이 된다.

다음은 저학년 아이들이 그림책 『감기 걸린 물고기』를 읽고 만든 질문들이다. 이런 질문을 만들 때 반짝이는 아이들의 눈동자가 아이의 성장을 알려주고 있음을 기억하자.

물고기는 모두 몇 마리가 등장할까요?

물고기는 진짜 말을 할 수 있을까요?

왜 아귀는 물고기를 속여서 잡아먹을까?

왜 물고기들은 아귀의 말에 속아 넘어갔을까요?

왜 아무도 아귀의 거짓말을 알아차리지 못했을까요?

물고기를 잡아먹는 아귀는 남자일까요? 여자일까요?

물고기들이 어떻게 모양을 만들 생각을 했을까?

그중에서 누가 가장 억울했을까?

중요한 건 어떤 질문을 만들어도 "좋은 질문이야. 기발한데!"라고 맞장구쳐주는 것이다. 그래야 아이의 생각주머니가 신나게 움직이기 시작한다.

질문5. 정보 찾기 게임 만들기

새로운 걸 알아가는 과정, 예측과 다른 결과를 접했을 때, 몰랐던 걸 알게 되었을 때 우리는 인지적 재미를 느낀다고 했다. 그렇다면 아이들이 직접 정보를 찾는 과정을 놀이로 만들어보자. 예를 들어 친구들이 놀랄 만한 사실 한 가지 알아보기, 엄마 아빠가 몰랐던 사실 한 가지 알아 오기 등을 미션으로 주는 것이다.

이 놀이를 진행하는 방식은 우선 집에 있는 책에서 시작하자. 10분의 시간을 정하고 스톱워치를 켜서 시간을 카운트다운하기 시작한다. 이제 가족 모두가 어떤 책에서든 가족들이 몰랐던 새로운 지식 한 가지를 찾아서 메모한다. 물론 한 가지 이상을 발견해도 좋다.

10분이 지난 후 모두 찾기를 멈추고 다시 식탁으로 모여 앉는다. 이제 차례로 돌아가며 자신이 발견한 새로운 지식 한 가지를 발표한다. 이때 듣는 사람들은 재미의 정도를 점수로 표현한다. 최저 0점에서 최고는 10점이다. 발표가 끝난 후 점수의 합계가 높은 사람이 우승이다.

이때 우승한 사람에게 주는 특별상은 칭찬해주기이다. 차례로 돌아가며 1등한 사람에게 축하의 말을 해준다. 좀 더 재미있게 하고 싶다면 축하받는 사람은 축하의 말을 듣고 마음에 들면 '고마워', 마음에 들지 않으면 '다시'라 말할 수 있다. 칭찬하는 사람은 상대가 칭찬을 오케이 할 때까지 열심히 생각해서 진짜 기분이 좋아지는 칭찬을 찾아가는 과정도 아이들이 무척 즐기게 된다.

진 사람에게도 위로나 격려의 말이 필요하다. 이긴 사람부터 차례로 돌아가며 위로의 말을 전한다. 방법은 똑같다. 위로와 격려의 말을 듣고 마음에 들면 '고마워', 그렇지 않으면 '다시'라 외치고 진짜 위로가 되고 힘이 되는 말을 찾아가는 과정을 경험하는 것이다.

게임이 끝나면 모두 기록한 메모지를 공책에 붙인다. 날짜를 쓰고 그 정보를 찾은 사람의 이름과 그 정보의 출처를 기록한다. 이 또한 한 달만 모아도 꽤 많은 양의 새로운 지식 모음책이 될 수 있다. 아이가 친구들이 놀러 왔을 때 놀 수 있는 재미있는 놀잇거리가 되기도 한다.

인지적 재미를 얻는 과정은 이렇게 관계와 소통을 원활하게 하며 새로운 지식을 더 알고 싶게 만드는 학습 동기를 키워준다. 실제로 정보를 찾기 위해 여러 책을 훑어 읽으며 찾는 과정은 바로 진짜 공부를 하는 과정이 되는 것이다. 공부란 이렇게 하는 것이라고 알려주지 않아도 이 과정을 통해 아이는 진정한 배움과 깨달음을 발전시키는 자기 주도적 학습자로 성장할 수 있다. 또 한 가지 강조하고 싶은 점은 이런 경험으로 자존감과 자신감은 저절로 얻어지게 된다는 사실이다.

이제, 인지적 재미를 얻지 못한 아이가 성장하면서 어떤 심리적 문제를 갖게 되는지, 그리고 그런 아이는 어떻게 인지적 재미를 키우는 방법을 활용하여야 하는지 자세히 알아보자.

심심하고 지루해서
게임에 빠져드는 아이

하루 종일 스마트폰만 들고 있는 성준이

성준이는 아직 초등 4학년임에도 불구하고 문제 행동의 증상이 매우 심하다. 학교에서 조금만 마음에 들지 않으면 욕하고 손에 잡히는 걸 집어던진다. 연필, 지우개 심지어는 책도 던진다. 때로는 마치 보란 듯이 친구의 샤프를 부러뜨리기도 하고, 힘을 더 과시해야 할 대상이라 생각하면 의자를 들고 집어던지겠다고 협박하기도 한다. 집에서는 틈만 나면 스마트폰을 붙잡고 있고, 약속 시간이 다 되었으니 끄라고 하면 엄마 때문에 게임에서 죽었다며 엄마에게도 욕을 한다. 아이는 유튜브에서 들은 공격적인 말을 주로 사용하였으며 하루에 게임을 하는 시간이 4~5시간이며 주말에는 거의 종일 스마트폰 게임에 빠져 있다.

엄마는 아이에게 심한 말을 듣고 폭발하는 모습을 보며 이제 겁이 나기 시작했다. 게임 그만하라고 잔소리라도 하면 또 폭발할까 봐, 때로는 집을 나가버리겠다고 소리치는 바람에 어떻게 대해야 할지 당황스럽고 막막하다. 엄마가 어린 아들에게 욕을 듣고 빈정거림을 당하다니, 엄마는 이 현실이 믿기지 않았다. 아이를 어떻게 해야 좋을지 절망감이 들었다. 남편에게 말을 했다가 오히려 남편이 아이를 때리는 바람에 문제가 더 커졌다. 아이는 엄마가 아빠에게 일러서 이런 일이 생겼다며 엄마를 더 원망하게 된 것이다. 이제 아무에게도 하소연할 수도 없고 도움을 청할 수도 없는 상황이다.

성준이는 언제부터 이렇게 변했을까? 부모가 아이를 심하게 혼내거나 공부를 강요해서 그러는 것일까? 그렇지 않았다. 엄마도 아빠도 어느 정도 잔소리는 했지만, 아이에게 공부를 심하게 강요하거나 혼내지 않았다. 어릴 적부터 자주 안아주고 함께 웃는 시간을 많이 가졌으며, 3학년 초반까지 아이는 친구들과의 관계도 좋았고, 공부도 잘하는 편이었고 별 탈 없이 잘 지냈다. 그런데 3학년 2학기 즈음부터 아이가 학교생활에 흥미를 잃기 시작하자 다투는 일이 많아졌고 공격적인 행동이 심해졌다. 선생님이 성준이 엄마를 종종 호출하는 일이 생기기 시작했다. 잘 자라고 있던 아이에게 왜 이런 현상이 나타났을까?

엄마 아빠는 아이가 게임을 너무 많이 하고 유튜브 영상을 너무 많이 보아서 그렇다고 생각했다. 그것만 줄이면 문제가 다 해결될 수 있다고 생각했다. 물론 그 영향도 분명 없지는 않을 것이다. 그렇다고 정말 게임을 줄이면 아이의 문제 행동은 모두 사라질 수 있을까? 왠지 그렇지 않을 거라는 생각이 더 강하게 들었다. 게임을 못 하게 한다고 해서 아이가 바람직한 생활 패턴으로 쉽게 돌아갈 수 있을 거라 짐작되지 않았다. 오히려 또 다른 문제적 행동이 생겨날 가능성이 더 높아짐을 쉽게 짐작할 수 있었다.

중요한 건 자기 생활에서 조절력을 보이며 잘 자라고 있던 아이가 왜 게임과 유튜브에 빠져들기 시작했는지를 궁금해해야 한다는 점이다. 아이는 왜 그랬을까? 친구 잘못 만나서? 요즘 애들이 워낙 분위기가 그래서? 그렇지 않다. 온 세상의 아이들이 게임과 동영상에 빠진 것 같지만 그 와중에서 자기 할 일을 잘해가며, 친구들과도 좋은 관계로 즐겁게 지내는 아이들도 많다는 사실을 기억해야 한다. 주변의 환경 요인이 절반을 차지하는 건 맞지만, 전부는 절대 아니다.

그렇다면 심리적 원인으로 흔히 얘기하는 정서 발달에 문제가 생겼거나 부모와의 관계가 나빠서 그런 걸까? 물론 그 이유도 클 수 있다. 성장기 아이에게 발생하는 대부분의 심리적 문제의 핵심 원인은 부모와의 관계에 있다고도 말한다.

하지만 성준이 부모는 아이에게 그렇게 큰 상처를 주거나 아이가 힘겨워할 정도로 스트레스를 주지는 않았다. 특별한 트라우마를 경험할 만한 사건도 없었다. 그래서 부모는 더 답답하다. 원인을 알면 그 문제를 해결하기 쉬울 텐데 그렇지 못하기 때문이다.

아이가 말하는 걸 다 들어주기도 해보고, 그만하라고 때로는 무섭게 혼내보기도 하지만 전혀 나아지는 건 없었다. 이렇게 막힐 땐 이제 아이의 성장 과정에서 어쩌면 꼭 필요했던 것이 부족한 건 아닌지 발달적인 관점에서 살펴볼 필요가 있다.

사실 게임도 재미없어요

방학 동안 거의 하루에 7~8시간 정도를 게임하며 지낸다는 성준이에게 왜 게임을 하는지 물었다.

> "성준아, 게임을 그렇게 오래 하는 이유가 뭐야?"
> "오래 한다고 생각하지 않아요. 제 친구들도 다 그 정도는 해요."
> "친구들이 그 정도 한다고 생각하는 이유는 뭔데?"
> "애들이 맨날 게임 이야기만 하잖아요. 그러니까 그 정도 하는 거겠죠."
> "아! 모두 게임 이야기만 하니까 당연히 너 정도는 한다고 생각하

는구나."

"네."

"그런데 선생님이 4학년 남자 아이들 약 100명 정도에게 물어봤는데, 하루에 게임 제일 많이 하는 아이가 1시간 정도, 그것도 날마다하지는 못 한다고 했어. 또 주말에만 하는 아이도 있었는데 주말에만 하는 아이는 2~3시간 정도 허락받는다고 대답했어."

"진짜요?"

"응, 선생님은 그냥 사실을 알려주는 것뿐이야. 판단은 네가 하는거고. 그것보다 더 궁금한 게 있는데 물어봐도 돼?"

"네."

"이렇게 너의 시간 중 대부분을 게임으로만 보내는 것에 대해 너는만족스럽니?"

아이는 조금 생각해보는 듯하더니 고개를 숙인 채 슬며시 좌우로 젓는다. 그렇게 좋아하는 게임을 실컷 하고 있는데 만족스럽지는 않다는 것이다. 의아하다. 그렇다면 아이에게 만족감이 들게 하는 건 더 자극적으로 재미있는 것이어야 할까? 아니면 뭔가 중요한걸 놓치고 있는 걸까?

자신이 주로 하는 행동에서 만족감, 뿌듯함을 얻지 못한다면 아무리 그 행동을 반복한다 해도 바람직한 심리적 변화와 성장에 도움 되지 않는다는 것을 우리는 알고 있다. 이는 뭔가 다른 대안이 생기지 않으면 변화를 얻기가 어렵다는 말이 되기도 한다.

아이의 상황을 성인에 비유해 생각해보자. 경제적 어려움과 취업 문제가 해결되지 않은 성인을 심리 상담한다면 이 사람에게는 어떤 도움이 필요할까? 얼마나 힘든 생활을 하고 있는지 그 힘든 마음에 공감해주고, 다독여주고, 그럼에도 언젠가 잘될 거니 희망을 잃지 말라는 대화를 나누는 게 더 바람직할까? 아니면 현실적인 문제에 대한 구체적 대안을 함께 모색하고 그걸 실행할 수 있도록 용기를 주는 상담을 진행해야 할까?

여러 가지 의견이 있을 수 있지만, 아무리 상담이 잘 진행되어 어느 정도 견딜 수 있는 심리적 상태로 회복이 되었다 해도, 현실적으로 취업과 자기 능력을 확인하고 성취하는 경험이 이루어지지 않는다면 그 사람의 마음 상태는 또다시 좌절로 괴로워질 거라는 걸 쉽게 예측할 수 있다.

아이들은 더욱 그렇다. 힘든 마음에 공감해주는 과정은 필수 요소이지만, 그 상태에서 새로운 다른 자극이 필요하다. 게임에서 얻는 즐거움은 감각적으로 매우 짜릿하고 즐거울 수 있지만, 그런 것에만 매달려 있는 자신에 대해 왠지 모를 불안감이 아이를 점점 우울하게 만들거나 이유 모를 짜증감에 빠지게 한다. 그래서 우리 아이에게 가장 중요한 것은 뭔가 느끼고 생각하고 그래서 깨달음으

로 이어지는 변화가 추구되어야 한다는 것이다. 이제 성준이 마음
속 깊이 숨어 있는 간절한 바람이 무엇인지 알아보아야 한다. 다시
대화를 시작했다.

"사실, 네가 이렇게 긴 시간 동안 게임을 하는 것도 이유가 있겠지.
네가 이렇게 게임을 하는 이유가 뭐야?"

"심심해서."

"아! 심심해서 그렇구나. 그럼 뭔가 다른 재미있는 걸 하면 어때?"

"그런 게 없어요. 다 시시하고 재미없어요."

"만약 심심하지 않고 재미있는 게 있다면?"

"그럼 게임 안 하고 그거 하죠."

"좋아. 그럼 재미있는 것만 찾으면 되겠네. 넌 뭐가 재미있어?"

"몰라요. 없어요."

여기까진 아마 초등 고학년 자녀를 둔 부모들은 매우 익숙한 대
화일 것이다. 이렇게 제자리에서 맴도는 대화, 해결책을 찾을 수 없
는 대화만 이루어지고 있다면 좀 더 섬세하고 아이의 진심을 파악
하는 대화로 이어져야 한다. 아이가 뱉어내는 솔직한 마음에서 길
을 찾아야 한다. 아이는 뭔가 심심하지 않고 재미있는 걸 원했다.
그래서 한마디 더 질문했다.

"그럼 예전에 재미있었던 건?"

"농구랑 축구요."

　지금은 게임만 하고 있지만, 예전에 아이는 농구와 축구를 좋아했다. 초등 3학년 1학기 때까지 축구 클럽에 들어가 친구들과 함께 축구를 했다. 농구도 배웠고 학원도 즐겁게 다녔다. 하지만 같이 축구를 하던 친구들이 학원을 다녀야 한다는 이유로 하나둘씩 빠져나가면서 팀은 해체가 되었고, 성준이 엄마도 선수가 될 것도 아닌데 굳이 힘들게 축구 할 아이들을 모을 필요도 느끼지 못해 자연스럽게 그만두게 되었다. 그리고 남들처럼 공부의 양을 늘려가기 시작했다. 그렇게 시간을 보내면서 점점 성준이는 거칠어지고 공격적인 아이로 변하기 시작한 것이다.

　아이의 진심을 듣다 보면 벽에 막힌 것 같은 바로 그 지점에서 길이 보이기 시작한다. 성준이는 뭔가 흥미로운 게 필요하다. 하지만 자기 스스로는 아무것도 찾을 수 없어 그저 게임에만 빠져들고 있었던 것이다. 지금 성준이에게는 재미있으면서도 성장에도 도움이 되고, 능력도 발전시킬 수 있는 무언가가 필요하다는 말이 되는 것이다.

　성준이는 게임 이외에 하고 싶은 것으로 그나마 다시 축구를 떠올렸다. 엄마와 대화를 나누었고 성준이는 축구를 시작할 수 있었다. 일주일에 2번 축구를 하는 것만으로도 성준이는 생활에 활력이 생겼다. 학교에서 공격적인 행동이 줄기 시작했고, 엄마에게 화내는 일도 줄었다. 그리고 축구를 한 날은 게임하지 않기로 한 약속도 지키려 노력하기 시작했다. 우선 급한 불은 껐다. 악순환의 방향으로 문제만 발생하던 구조에서 겨우 멈추기에 성공했다. 그렇다고 해서 아이가 좋아하는 축구 한 가지로 모든 문제가 해결되는 건 아니다. 성준이가 한 말 중에 "하나도 재미가 없다."는 말을 좀 더 자세히 들여다보자.

인지적 재미가 이렇게 중요한 줄 몰랐어요

성준이는 어떤 재미를 바라고 있는 걸까? 좋아하는 축구를 하게 되었으니 착하게 열심히 공부하면 된다는 생각은 어른들의 착각일 뿐이다. 성준이는 초등학교 4학년이다. 재미있는 건 없고, 학교 공부는 점점 어려워지고 있다. 활동적으로 발산하는 즐거움도 필요하지만 자신의 정신적 에너지를 쏟아 인지적 재미를 느끼고 성취하고 배우고 자라고 있다는 충족감을 얻을 수 있는 무언가가 필요하다.

성준이가 워낙 컴퓨터를 좋아하니 컴퓨터 관련된 프로그램을 배우면 어떨지 엄마에게 제안했다. 엄마는 아이가 예전 학교 방과 후 수업에서 PPT(Power Point) 만드는 프로그램을 배웠는데 처음엔 좀 재미있어하다가 금세 시시해져 안 하겠다고 했다는 것이다. 그게 초등 3학년 때의 일이었다. 성준이와 다시 이야기를 나누었다. PPT는 처음엔 새롭게 배우는 거라 재미있었는데 너무 쉬워서 다 이해가 되었고, 뭔가 새로운 것도 없고, 진도도 안 나가서 흥미가 사라졌다는 것이다.

아이의 말에서 우리는 쉽게 길을 찾을 수 있다고 했다. 아이가 원하는 건 무엇인가? 아이는 뭔가 조금은 어려운 듯하면서 새로운 걸 배우기를 원했다. 새로운 인지적 자극과 그걸 배우는 과정에서의 성취 경험이 필요했던 것이다. 그런 게 없으니 그저 감각적 재미 자극을 좇아 게임에만 몰두하게 된 것이었다. 그렇다고 그런 걸 아이가 스스로 찾기는 어렵다. 부모 또한 아이에게 적절한 제공을 하여 인지적 성장으로 도와주고 싶었지만 아이가 싫다는 말에 더 이상 아무것도 할 수가 없었을 뿐 아니라, 그래도 교과 공부는 계속해야 하니 영어와 수학 학원에만 보내며 안타까워하고 있을 뿐이었다.

성준이에게 혹시 컴퓨터에 관한 뭔가를 배울 의향이 있는지 다시 물었다. 성준이는 코딩을 배우고 싶다고 했다. 친구 중에 그걸 하는 애가 있는데 자랑하는 말을 들으니 하고 싶은데 엄마에게 말하지 못했다고 했다. 말하면 엄마가 또 보나마나 하다가 싫다고 할 거면 시작도 하지 말라고 말할 것 같았다고 했다.

성준이는 뭔가 새로운 걸 원하지만, 그걸 하고 싶다고 말하기도 어려웠고, 막상 시작한다 해도 만족스럽게 해낼 자신도 없었기에 새롭게 도전하는 일은 아예 포기해버리고 재미없고 지루한 시간을 때우기 위해 그저 게임에만 빠져들었던 것이다.

성준이가 축구과 코딩을 배우기 시작하면서 문제적 행동은 거의 모두 해결이 되었다. 물론 자신의 마음을 이해하고 적절히 표현하는 법과, 행동의 경계를 다시 세우고 감정을 조절하는 훈련도 병행했다. 이제 학교에서의 공격적인 행동은 한 학기가 끝날 때까지 전혀 나타나지 않았다. 문제 행동의 정도가 심각했던 것에 비해 생각보다 짧은 시간에 성준이의 행동에는 큰 변화가 생겼다. 그렇다면 이렇게 쉽게 해결될 수 있었던 것을 왜 성준이와 엄마는 힘겨운 시간을 보낼 수 밖에 없었을까? 엄마의 깨달음 같은 말에서 그 답을 찾아보자.

"우리 아이가 이런 걸 원하는 줄 몰랐어요. 그냥 공부하는 건 다 싫어하고 게임만 좋아하는 줄 알았어요. 애가 화가 나서 하는 말을 너무 곧이곧대로 들었던 것 같아요. 아이를 너무 몰랐던 거죠."

아이가 힘들어지는 데는 여러 이유가 있다. 처음엔 어쩌면 우리 아이가 어떤 아이인지, 어떤 기질을 가지고 태어났으며, 아이가 진정으로 바라는 것이 무엇인지, 어떤 상황에서 어떤 문제 해결 방식을 더 좋아하는지 몰라서 생기는 문제가 대부분이다. 하지만 고학년에 접어들기 시작해서 두드러지는 문제점은 그 차원을 훌쩍 넘어선다. 사는 게 재미가 없다는 말이 어린아이의 입에서 나오는 건 참 슬픈 일이다. 아직 한참 자라는 아이라 뭔가 재미있고 흥미 있는 걸 찾아주어야 한다.

어려워도 재미있고, 힘들어도 끝까지 하고 싶은 마음이 들게 하는 가장 중요한 요소가 인지적 재미라 강조하고 싶다. 우리 아이를 잘 키우고 싶은 마음이 간절하다면 정서적 재미에서 인지적 재미로 성숙해가도록 이끌어주어야 한다는 사실을 기억하기 바란다.

·
·

메타인지

메타인지 능력이
아이의 공부력을 좌우한다

리더형 능력,
메타인지 능력

시험 문제를 족집게처럼 예상하는 아이

초등학교 6학년 시절 친한 친구 중에 아주 매력적인 여자아이 A가 있었다. 외모가 특출하진 않았지만 A는 남학생, 여학생 모두에게 인기가 있었다. A의 매력은 잘 노는 거였다. A가 있으면 주변이 더 환한 느낌이었고, 꽉 찬 것 같았으며 더 즐겁게 느껴졌다. 왠지 A와 있으면 마치 요즘 아이들이 말하는 '인싸' 그룹에 속한 느낌을 주기도 해 함께 어울리면 무척 뿌듯하기도 했다. 의아하게도 A는 그렇게 친구들과 어울려 놀기를 좋아하면서도 성적도 늘 상위권을 유지했다. 당시에는 그 비결을 물어볼 생각도 하지 못하고 그저 A를 부러워했고 친하게 지내고 싶은 마음뿐이었다.

그렇게 초등학교를 졸업하고 중학교를 다른 학교로 다니다 고등학교 때 다시 만났다. A는 여전히 친구들과 어울려 놀기, 번화가를 활보하기를 좋아했다. 그런데 이상한 건 그렇게 잘 노는 A의 성적이 여전히 좋다는 점이었다. A와 어울려 놀다 보면 나는 늘 시험공부가 벅찼는데 그 아이는 그렇지 않았다. 한번은 기말시험 때 A의 집에서 함께 공부했다. 암기 과목을 노트에 필기한 순서대로 억지로 외우려 낑낑대는 나에게 A는 색연필로 몇 군데를 표시해주었다.

"시간도 없는데 이것만 외워."

신기하게도 A가 외우라고 짚어준 것들이 거의 시험에 나왔고, 난 어렵지 않게 시험 성적을 올릴 수 있었다. 너무 신기했다. 어떻게 A는 무엇이 중요한지, 어떤 내용이 시험에 나올지 그렇게 잘 예측할 수 있었을까? A에게 어떻게 시험 나올 문제를 족집게처럼 짚을 수 있는지 물었더니 이렇게 말했다.

"딱 보면 알잖아. 이거 설명할 때 선생님이 한참 설명했어. 그리고 이건 시험 나올 수 있다고도 말씀하셨고. 이 내용은 칠판에 쓰실 때 색깔 분필을 제일 많이 썼었고."

어쩌면 A는 수업 시간 전체를 잘 집중하지 않다가도 선생님이 강조한다 싶으면 잠시 집중해서 들었던 것 같다. 놀고 싶은 마음과 그래도 성적 수준을 유지하고 싶은 자신의 바람을 잘 알고 선택적 집중 능력을 발휘한 것이다. 또한 자신의 전략을 성공시키기 위해 선생님의 성향을 파악해서 중요 내용을 어떤 방식으로 설명하는지도 알아차리고, 짧은 시간 동안 최대의 효율을 얻을 수 있는 방식의 공부를 했던 것이다.

A는 어떤 것은 기억하고, 어떤 정보는 잊어도 되는지를 구분할 줄 알았다. 이 모든 걸 잘 실행할 수 있었던 것은 A가 자신의 능력을 잘 이해하고 그에 맞는 전략을 찾아냈기 때문이었다. 나는 A가 어떻게 해서 그런 능력을 가졌는지 궁금했고, 어떻게 하면 그 능력을 키울 수 있는지 너무너무 알고 싶었다. 부러운 마음으로 공부하는 A를 보니 한 가지 더 이상한 점이 있었다. A는 나에게 공부하라고 알려준 부분이 아닌 다른 부분을 공부하고 있었다.

"넌 왜 딴거 해?"
"난 이 부분이 좀 약해. 그래서 미리 좀 보고 막판에 예상 문제 공부하려고."

시간도 없는데 그렇게 여유를 부리는 모습이 이상해 보였지만, 발등에 불 떨어진 나는 그 점에 대해 더 생각할 여유도 없었다. 그러고 보니 A는 특이한 점이 한 가지 더 있었다. 초등학교 6학년 때, 나는 A집에 자주 놀러 갔다. A의 아빠는 사업을 하셔서 놀다 보면 사람들이 계속해서 집을 방문하는 모습을 볼 수 있었다.

"저 아저씨들은 누구야?"

"아빠랑 같이 일하는 분들이야. 맨날 오시는 분도 있고, 지방에서 오시는 분도 있어. 트럭 운전사도 있고, 장부 정리하는 분도 있어. 저기 저 아저씨는 요새 좀 어려운가 봐. 계속 표정이 안 좋아."

이런 이야기를 너무 자연스럽게 하는 A가 대단해 보였다. 집에 오시는 어른들이 무슨 일을 하는지 다 꿰고 있다는 사실이 그 아이를 더 특별한 느낌으로 남게 했다. 그런데 어른이 되고 아이 발달에 대해 전문적으로 공부하면서 그 친구의 성장 환경에서 얻게 된 능력이 바로 메타인지 전략이었다는 것을 알게 되었다.

유대인의 자녀교육, 메타인지 전략

무엇이 중요한지 아닌지 쉽게 알아차리는 능력, 상대방의 관점을 이해하고 다음 상황을 예측하는 능력, 사람 관계에서 무엇이 중요한지도 잘 알아 친구들에게도 인기가 있고, 자신의 약점이 무엇인지 알고 미리 대처할 줄 아는 그 아이의 능력들은 어떻게 발달하게 되었을까? 초등학생인 아이가 어떻게 또래와는 다른 차원의 능력을 가질 수 있었을까? A의 메타인지 능력이 발달하게 된 이유를 생각하다 깨달은 점은 A의 성장 환경은 유대인의 자녀교육 방식과 아주 많이 비슷했다는 점이다.

"자기 아들에게 직업을 가르치지 않으면 자식을 강도로 키우는 것과 같다."

탈무드에 있는 말이다. 여기서 말하는 직업은 시장에서 장사하는 기술을 말한다. 고대부터 전해져온 아주 중요한 유대인의 자녀교육 원칙이다.

유대인의 자녀들은 아주 어릴 적부터 부모가 운영하는 가게나 식당에서 소소한 잡일을 하면서 부모에게서 생업 기술을 배운다. 전기를 고치거나 막힌 하수구를 뚫거나 손님을 접대하는 등 장사에 필요한 일을 어릴 적부터 배우게 되는 것이다. 그 과정에서 아이는 사람을 대하는 방식, 가게를 운영하기 위해 무엇이 필요하고 어떻게 유지 관리해야 하는지, 무엇이 중요하고 꼭 지켜야 할 가치는 무엇인지 온몸으로 체득하고 경험하는 것이다. 이런 과정을 통해 유대인 아이들은 또래 아이들과 비교되지 않는 통찰력을 키울 수 있게 된다. 이 통찰력은 사업뿐 아니라 학문에서도 발휘가 된다. 바로 메타인지인 것이다.

이런 성장 과정의 결과 유대인들은 전 세계 인구의 0.3%에 불과한 소수 민족이면서도 세계 100대 기업의 소유주의 40%, 전 세계 노벨상 수상자의 30%, 세계 유수 대학 교수진의 30%의 높은 비율을 차지하는 것으로 나타났다. 성장 과정에서 얻게 된 사람과 사회에 대한 깊은 이해와 통찰 능력이 사업뿐 아니라 학문적으로도 엄청난 성취의 결과로 나타나는 것이다. 유대인 아이 발달의 핵심 비결이 바로 이런 성장 과정에 있음이 틀림없다.

유대인의 교육 방식에 대해 공부하면서 A의 성장 환경이 바로 유대인과 너무 비슷하다는 사실을 깨달았다. A는 나와 앉아서 카드 놀이를 하면서도 누가 오는지, 왜 오는지, 얼마나 자주 오는지 아빠의 사업이 어떻게 돌아가는지 모두 파악하고 있었다. 물론 아이가 그 모든 걸 알 수 있었던 이유는 저녁마다 아빠와 이런저런 이야기를 나눈 덕분이었다. A의 아빠는 누가 왜 무엇 때문에 오는지, 충분히 설명해주었던 것이다.

이런 환경에서 저절로 발달하게 된 메타인지 능력이 친구들이 모두 A를 좋아하게 하는 훌륭한 사회성을 갖게 했고, 자신이 무엇을 아는지 모르는지 파악하고, 다른 사람이 무엇을 중요하게 생각하는지도 쉽게 알아차릴 수 있는 능력을 발전시킬 수 있었다.

전교 1등의 비밀, 메타인지

메타인지로 벌어지는 격차

메타인지는 1970년대 발달 심리학자 존 플라벨(John Flavel)이 제시한 개념이다. '인지 너머의 인지'라는 뜻으로, 쉽게 말하면 '내가 아는 것은 무엇이고, 모르는 것은 무엇인지를 인지한다.'는 것이다. 우리 아이의 메타인지 능력이 어느 정도일지 궁금하다면 인지 심리학자가 제안하는 간단한 실험을 통해 알아볼 수 있다. 방법은 다음과 같다.

글의 주제를 정한다. 기왕이면 아이가 좋아하는 것이면 더 좋다. 공주를 좋아하면 공주로, 영웅을 좋아하면 영웅으로 정해도 좋다. 다양한 크기의 빈 종이를 상자에 넣고 아이가 보지 않고 손을 넣어한 장을 꺼내게 한다. 다음은 그 종이 크기에 맞추어 자신이 정한 주제에 대해 글을 쓰는 것이다. 만약 작은 종이를 골랐다면 주제에 맞게 간결하게 요약해서 써야 할 것이고, 큰 종이를 골랐다면 주제에 관해 길게 풀어서 설명할 수 있어야 한다.

공룡이라는 주제를 고른 초등학교 2학년 두 아이가 비슷한 크기의 종이에 쓴 글이다.

나는 공룡을 진짜 좋아한다.
왜냐하면 공룡은 너무 힘이

나는 공룡을 좋아한다.
그런데 멸종되었다.
그래서 더 궁금하다.

두 아이의 글이 확연히 비교가 된다. 한 명은 종이가 작아서 제대로 중심 내용을 쓰지도 못하고 중단되었고, 다른 한 명은 종이 크기에 맞게 정곡을 찌르는 핵심 문장을 쓰고 연필을 내려놓았다. 두 아이의 차이는 어디서 오는 걸까?

물론 그동안의 성장 과정에서 어떤 인지적 자극을 받았는지에 따라 많이 달라질 것이다. 하지만 두 아이는 똑같이 공룡을 좋아하고 수십 가지 공룡 이름을 줄줄 외우며 육식인지 초식인지 모두 구분할 줄 안다. 그냥 이야기를 나눌 때는 별 차이 없이 대단한 지식을 뽐내던 두 아이가 이 실험에서 확연한 차이를 보이는 것이다. 학자들은 이 차이가 바로 메타인지 능력의 차이라 말한다.

공부 잘하는 아이들의 특별한 능력이 무엇인지 알아보는 많은 연구에서 공부 잘하는 아이가 보통 점수의 아이들보다 IQ도 크게 높지 않고, 부모들의 경제력이나 학력도 별반 다르지 않다는 결과가 나타났다.

흔히 공부를 잘하면 IQ가 높을 것이라 짐작한다. 또 IQ가 높으면 공부를 잘할 거라 생각하지만 그렇지 않다는 말이다. IQ는 성적을 결정하는 주요 요인이 아니라는 의미다.

영국 얼스트대학의 리처드 린(Richard Lynn) 교수와 핀란드 헬싱키대학의 타투 반하넨 교수의 연구에 따르면 전 세계 180여 개국 국민의 지능 지수를 조사했을 때 한국은 평균 106으로 당당히 2위를 차지했고, 유대인은 평균 94로 전체의 45위를 차지했다. 이 사실만 보아도 지능 지수는 공부와 성공과 연관성이 별로 없음을 확실하게 보여준다.

부모의 학력과 경제력이 아이의 공부에 큰 영향을 주는 건 아닐까? 연구에서는 부모의 경제력이나 부모의 학력도 그리 큰 차이가 없다는 사실을 강조하고 있다.

요즘은 부모의 경제력이 곧바로 사교육으로 이어져 어릴 적부터 주요 과목에 전부 과외를 붙여 공부를 시키다 보니 부모의 경제력으로 인해 공부 성적이 영향을 받는 경우도 있다. 그럼에도 개인의 공부 능력으로 본다면 큰 영향을 주지 못한다는 결론이다.

그렇다면 공부 잘하는 아이와 그렇지 못한 아이들의 차이는 어디서 오는 것일까? 메타인지 능력의 차이를 밝히는 실험에서는 두 그룹의 차이가 확연하게 나타나는 것을 알 수 있다.

자신의 능력치 파악이 가장 중요

KBS 프로그램 '0.1%의 비밀'에서 진행한 고등학생의 메타인지 실험이 있다. 3초 간격으로 별 연관성 없는 '당근, 대학교, 변호사, 버스, 기린…'과 같은 25개의 단어를 제시한다. 그 후 몇 개를 기억하는지 알아보는 실험이다. 그런데 이 검사를 실시하기 전 사전에 참가자 모두에게 한 가지 질문을 한다. 자신이 25개의 단어 중 몇 개를 기억할 수 있는지 예측하는 질문이다.

결과는 이렇다. 보통 아이들은 자신이 기억할 거라 예측한 숫자가 실제 기억한 숫자와 크게 차이가 났다. 어떤 아이는 자신이 예측한 숫자보다 훨씬 적게 기억하기도 했고, 어떤 아이는 더 많이 기억하기도 했다. 반면 전국 석차 0.1% 아이들은 자신이 예측한 숫자와 실제 기억한 단어의 숫자가 같거나 거의 비슷했다. 더 관심을 가져야 할 사실은 두 그룹 간에 기억해낸 단어의 숫자는 별 차이가 없었다는 것이다.

결국, 전국 석차 상위 0.1%에 드는, 공부를 매우 잘하는 아이들과 그렇지 못한 아이들의 암기력에는 별 차이가 없고 다만, 자신이 얼마나 외울 수 있는지 예측하는 능력에서 큰 차이가 났다는 말이다.

대부분 공부 잘하는 아이가 당연히 더 많이 기억할 거로 생각하는데 의외의 결과다. 어쩌면 우리의 잘못된 고정 관념이 지금보다 더 나은 방법을 아이에게 제시하는 데 방해가 되는 것일 수도 있겠다. 이렇게 자신이 얼마만큼 외울 수 있는지 예측하는 능력, 자신이 알고 있는지 모르고 있는지를 잘 아는 능력이 바로 메타인지다.

또 다른 실험도 있다. 전혀 연관성이 없는 단어 50개를 5초에 한 번씩 2개의 쌍으로 제시하고 외우게 한다. '냉이-상추, 사자-도라지, 타조-수박' 이런 식이다. 그리고 두 팀으로 나누어 각각 다른 방법으로 공부하게 한다. 하나는 한 번 더 읽어보게 하는 재학습 방법이고, 다른 하나는 스스로 퀴즈를 내고 셀프 테스트 하는 방법이다. 2가지 방법 중에 어느 방법이 더 높은 점수를 얻게 되는지 알아보는 실험이다.

학생들은 2가지 방법의 결과 예측에서 재학습 방법은 53점, 셀프 테스트 방법은 49.7점으로 예측했다. 결과는 완전히 반대였다. 재학습 방법은 43점, 셀프 테스트 방법은 53점이 나왔다. 셀프 테스트가 10점이나 더 높은 점수로 효과적이었다. 그런데 학생들은 재학습 방식이 셀프 테스트 방식보다 더 효과적일 거라 착각했으며 실제로 대부분 다시 한번 더 공부하는 방식을 선호했다.

이런 착각을 불러일으키는 이유는 재학습 방법이 스트레스가 적고 쉽게 느껴지는 반면, 셀프 테스트 방법은 스트레스가 더 많기 때문이다. 다시 읽으면 마치 다 아는 것 같은 착각이 들고, 자신이 다 알고 있는 걸 계속 공부하면 기분이 좋아진다. 또한 기분이 좋아지면 마치 다 알고 있다는 착각을 하게 되는 현상이 생기는 것이다. 이런 착각은 성적이 하위권일수록 더 크다.

대치동 아이들을 조사한 결과에서 '학원을 다니면 공부를 잘하고 있는 것 같은 기분이 든다.'는 문항에서 응답한 비율을 보면 그 착각이 매우 심각한 수준임을 알 수 있다. 최상위 1% 아이들은 그렇다는 대답이 하나도 없었던 반면, 상위 2~10% 수준의 아이들은 26.8%가, 중위권 아이들은 30~60%, 하위권 아이들은 46.28%가 그렇다고 응답한 것이다. 안타깝게도 하위권으로 갈수록 공부를 하지 않고 있지만 공부를 하고 있다고 착각하거나, 자신이 무엇을 알고 무엇을 모르는지에 대한 자각이 부족하다는 사실을 알 수 있다.

우리 아이는 어디에 해당할까? 학자들이 제시하는 공부 잘하는 아이와 그렇지 못한 아이의 차이가 메타인지 능력에서 가장 크게 차이가 있다면 최소한 그것이 무엇인지, 어떻게 해야 그 능력이 발달하도록 도와줄 수 있는지 알아야 한다. 혹시 우리 아이의 메타인지 능력이 부족하다면 지금부터 메타인지 능력을 키워주기 위해 좀 더 자세히 알아보자.

메타인지 능력,
얼마든지 키울 수 있다

아는 것과 모르는 것, 메타인지적 지식

메타인지 능력을 키우기 위해 그 종류부터 자세히 알아보자. 메타인지의 종류에 대해 학자들이 몇 가지 분류를 하고 있지만, 공통으로 크게 분류하는 것이 메타인지적 지식과 메타인지적 전략이다.

메타인지적 지식이란 내가 안다는 사실을 아는 것과 내가 무엇을 모르는지 아는 것을 말한다. 단순하게 설명하자면, 수학에서 "난 집합은 잘 아는데 분수가 어려워."라며 자신이 무엇을 어려워하는지 아는 것이 메타인지적 지식을 가지고 있다는 의미가 된다.

아이들은 의외로 자신에 대해 알아가는 과정이 순탄치가 않다. 인지적 능력의 발달이 더딘 아이들, 공부와 숙제, 책 읽기는 무조건 하기 싫어하는 아이들일수록 그런 현상을 보인다. 책과 독서에 대한 태도를 통해 아이의 메타인지적 지식을 알아보자.

"난 책 싫어해요." 이렇게 말하는 아이들이 많다. 이런 아이에게도 다양한 장르의 그림책을 꺼내어 이것저것 뒤적이다 보면 분명 관심을 보이는 책이 나타난다. 아이가 흥미를 보이는 책을 읽어주면 아이는 아주 재미있게 책 내용에 몰입해서 듣는다. 책을 다 읽어주고 난 다음 아이가 보인 관심과 몰입하는 행동에 감탄하면서 이야기를 나눈다.

"너 책 읽는 거 좋아하는구나. 열심히 잘 듣네. 책 싫어한다는 말 거짓말 아냐?"
"아니에요. 책 싫어해요. 이런 거 말고는 다 싫어해요."

자신이 무엇을 좋아하고 싫어하는지에 대한 개념이 발달되지 못해 재미있는 장르의 책을 발견하고도 여전히 언어가 바뀌지 않는다. 이럴 땐 아이가 말한 자신의 마음을 근거로 생각을 확장시켜 자신에 대한 인식이 올바른 언어로 바뀌도록 도와주어야 한다.

"잠깐만. 넌 좋아하는 책도 있고 싫어하는 책도 있구나?"
"네."
"그럼 어떤 책이 좋아?"

"이렇게 동물 나오는 거, 공룡이나 뭐 그런 커다란 동물 나오는 거 좋아해요. 상상 동물도 좋아하고요."

"그럼 제일 싫은 책은?"

"창작 동화 제일 싫어요. 싫은데 자꾸 엄마가 읽으라고 해요."

"아, 그럼 넌 동물책은 좋아하고 창작 동화에 관심이 없구나."

"네."

"그럼 네가 그렇게 말해줄래?"

"저는요, 동물책은 좋아해요. 창작 동화는 싫어해요."

"내용이 싫은 거야? 억지로 읽는 게 싫은 거야?"

"그런 내용은 재미도 없고 억지로 읽으라고 해서 싫어요."

"너는 동물책을 좋아하고, 창작 동화는 재미가 없어서 억지로 읽으라고 하는 걸 싫어하는구나."

"네."

"앞으로는 '책 싫어해요'라고 말하지 않고 방금 말한 것처럼 말할 수 있어? 한 번 더 말해 볼까?"

"저는요, 동물책은 좋아해요. 창작 동화는 재미없어요."

이런 대화를 통해 아이가 자신이 책에 대해 어떤 느낌과 생각을 가지고 있는지 도와줄 수 있다. 책에 대한 자신의 느낌과 생각을 편협하지 않고 객관적으로 이해하고 표현하면서 메타인지적 지식으로 발전시킬 수 있는 것이다.

이런 과정을 살펴보면 이미 메타인지적 지식이 잘 발달된 아이들은 긴 시간 동안 아이가 제공 받은 양육 환경에서 자신이 어떤 것을 좋아하고 어떤 것은 싫어하는지, 자신이 아는 것은 무엇이고 모르는 것은 무엇인지에 대한 정보를 자주 듣고 자극받았음을 알 수 있다. 여기서 앞으로 우리가 어떻게 메타인지적 지식을 발전시켜 주어야 할지 실마리를 찾으면 좋겠다.

또한 메타인지적 지식은 '안다는 느낌(feeling of knowing)'으로 표현할 수 있다. 예일대학교 신경과학과 이대열 교수는 "안다는 느낌은 어떤 정보를 인출하기 전에 그 정보가 자신의 기억에 저장되어 있는지를 이미 알고 있는 경우"라 말한다. 예를 들어 누군가 "혹시 그거 알아?"라는 질문을 했다면 이때 "응. 나 알아, 들어본 적 있어."라고 말하는 것이 모두 안다는 느낌에 해당된다. 결국 안다는 느낌은 어떤 정보를 꺼내기 전에 자신의 기억 속에 저장되어 있는지를 알고 있는 경우를 말하는 것이다.

학자들은 안다는 느낌의 지식도 말로 표현할 수 있는 지식과 말로 표현하지 못하는 지식으로 구분한다. 하지만 아직 커가고 있는 아이들에게는 안다는 느낌만으로도 자신감과 학습 태도에 매우 좋은 영향을 주는 것을 알 수 있다.

만일 선생님이 어떤 질문을 했을 때 그 답을 안다는 느낌을 가진 아이들은 가슴이 쿵쾅거리고 엉덩이를 들썩거리며 자신이 안다는 사실을 선생님이 알아주기를 바라며 팔을 번쩍 들고 흔들며 발표 기회를 얻으려 애를 쓴다. 혹시 정확히 몰라 발표가 미숙해도 괜찮다. 안다는 느낌에서 정확히 아는 것으로 진행되는 건 별로 어렵지 않기 때문이다.

이미 관심을 가졌기에 좀 더 명확한 언어로 설명하는 건 시간문제일 뿐이다. 그렇게 성공적으로 자신이 아는 지식을 언어로 표현하거나 발표를 끝내면 우쭐해지고 뿌듯한 마음이 든다. 그리고 다음엔 좀 더 명확하게 알아야겠다는 동기도 생기게 된다. 그래서 안다는 느낌은 아이들의 자신감을 높여주는 데 한몫을 하게 되는 것이다.

꼴찌가 일등이 되는 비법, 메타인지 전략

메타인지를 키우는 데 가장 중요한 또 다른 요소는 메타인지 전략이다. 메타인지 전략이 있으면 메타인지적 지식을 쌓아가는 데 어려움이 없다. 메타인지적 지식이 아무리 많다 해도 메타인지 능력을 키워주는 핵심인 메타인지 전략이 없으면 긴 시간 동안 자리에 앉아 공부를 해도 실력이 늘기는 어렵다.

흔히 고3 학생이 아무리 열심히 해도 한 등급을 올리기가 어렵다는 말을 한다. 하긴 고3이면 누구나 열심히 하니 남들보다 더 많이,

더 열심히 하지 않으면 다른 사람을 능가하는 실력 향상을 기대하기는 어려울 것이다. 그런데 자세히 살펴보면 모두가 그런 게 아니다. 어떤 학생은 고3 1년 동안 열심히 해서 하위권에서 상위권으로 성적이 급상승하는 경우도 있고, 심지어 '꼴찌가 일등이 되었어요.'라는 입지전적 향상을 보이는 사례들도 1년에 한두 명씩 꼭 나타난다. 그렇게 큰 변화를 가져올 수 있었던 요인을 찾아보자.

아이가 명문대에 입학한 한 엄마는 입시를 치르면서 어느 논술학원에 등록하러 갔더니 제일 먼저 동의서에 사인하기를 요구받았다고 했다. 만일 이 아이가 단 하루라도 본 학원에 다닌 후 원하는 대학에 입학한다면 합격 광고 현수막에 이름을 공개하겠다는 동의서를 받는 것이었다. 엄마는 자신의 아이가 명문대 입학에 성공해서 서울의 유명 학원가에 대문짝만 하게 이름이 휘날리는 장면을 상상만 해도 뿌듯했다. 그래서 아이에게도 "뭐 어때? 좋은 일인데. 사인해."라 권했고 아이도 별생각 없이 동의했다.

그 아이는 명문대에 합격했다. 학원가의 현수막에 휘날리는 아이 이름을 보면서 잠시 으쓱하기도 했다. 하지만 점점 그게 불편해졌다. 사실 학원은 잠시 불안한 마음을 진정시키기 위해 집중 코스로 일주일 다녔을 뿐이고 도움을 크게 받지도 않았다. 합격은 오롯이 아이가 열심히 해서 이루어낸 자랑스러운 결과인데, 아이의 간절한 노력과 성과를 학원이 모두 독차지하고 있다는 사실과 학원

홍보에 자신의 아이가 이용되었음을 깨닫고 기분이 몹시 언짢았다는 말을 하였다.

"주변의 모임에서도 아이가 합격한 후 사교육 정보만 질문했어요. 아이가 어떤 노력을 했고, 어떤 방법으로 공부했는지는 질문하지 않고 오로지 어느 학원을 다녔는지만 알려고 한다는 게 너무 이상하다는 생각이 들었어요. 그 학원 그 선생님에게 우리 아이만 배운 게 아닌데, 똑같이 배우고도 성적이 오르지 않거나 결과가 좋지 않은 아이도 많은데 왜 그런 것만 궁금해하는지 모르겠어요."

그렇다. 우리가 알아야 할 것은 이 엄마의 말속에 다 들어 있다. 우리가 알아야 할 핵심 정보가 바로 거기에 있다.

그 엄마에게 아이가 공부에 대해 어떤 동기를 가지고 있었는지, 어떤 공부 방법을 썼기에 좋은 결과를 얻을 수 있었는지 질문했다. 그 아이가 가진 학습 동기가 재미있었다.

사실 아이는 친구들과 어울리기를 좋아하는 아이고, 꼭 무엇이 되겠다는 목표가 없었다. 공부에 관심 있는 엄마가 그런 아이의 기질에 맞게 초등학교 때부터 친구들을 불러 다 같이 함께 놀며 공부하는 시간을 가지자 점점 성적이 좋아졌다. 그러다 보니 주변의 좋은 피드백이 또다시 아이의 학습 동기를 강화시켜주었고, 좋은 결과로 인해 자신도 스스로 만족감을 느끼며 성적 향상이 아이의 동기가 되었다고 밀했다.

이 아이의 학습 방법은 이미 많은 연구에서 강조한 메타인지 전략과 대부분 일치함을 알 수 있었다. 물론 아이의 타고난 기질과 성격적 특성이 있어 부분 부분 그 아이의 개성이 느껴졌지만 가장 근본적인 메타인지 전략은 전국 0.1%에 해당되는 아이들과 아주 비슷한 공통점을 보이고 있었다.

상위 0.1%의
학습 전략 비법

누구에게나 딱 맞는 공부 방법이 있다

학자들은 메타인지 전략에 대해 너무나도 많은 방법과 다양한 변수들이 존재한다고 말한다. 그럴 수밖에 없다. 아이가 타고난 기질이 다르고 그동안 형성된 성격적 특성과 익숙해진 습관이 다르기 때문이다.

아주 간단한 예로 친구와 어울리기를 좋아하는 아이와 혼자서 조용히 생각을 정리하기를 좋아하는 아이의 메타인지 전략 방법은 다르다. 외향적 성격의 아이는 친구들과 집단으로 토론하고 대화하는 방식이 가장 좋은 메타인지 전략이 될 수 있고, 내향적이고 조용해야 집중할 수 있는 아이는 집단 안에서는 집중하지 못하니 혼자 조용히 있는 시간에 집중하며 생각을 정리하는 전략을 발휘한다. 엄마나 인형을 학생으로 삼고 혼자 선생님처럼 설명하는 방식을 더 선호하기도 한다.

이렇게 기질과 성격에 따라 다를 수 있다는 의미이다. 하지만, 더 중요한 건 이렇게 기질과 성격이 달라도 모두에게 공통적으로 적용되는 메타인지 전략이 있다는 사실이다. 그리고 기본적인 메타인지 전략을 깨우치게 되면 아이가 스스로 자가 발전하면서 자신에게 맞는 메타인지 전략을 키워갈 수 있다. 그러니 복잡하게 생각하지 말고 쉽게 우리 아이의 메타인지 능력을 키워주는 방법이 있다는 사실을 기억하면서 차근차근 배워가면 좋겠다.

우선 메타인지 전략이 어떻게 발달할 수 있는지 살펴보자. 우리 아이에게 그림책 한 권 읽어줄 때 아이가 스스로 메타인지적 전략을 사용하지는 못한다. 아주 뛰어난 아이들은 어느 순간 스스로 자신에게 맞는 전략을 개발해낼 능력이 발휘되기도 하지만, 그런 능력이 생기기까지는 조금이라도 경험할 수 있도록 가르치는 것이 중요하다.

학자들이 모두 한결같이 강조하는 점은 메타인지 능력은 훈련으로 발달할 수 있다는 점이다. 그러니 부모와 교사는 우리 아이가 자신의 잠재력을 더 잘 발휘할 수 있도록 메타인지 전략이 무엇인지 알고 가르치는 과정을 거치는 것이 매우 중요하다. 이제 그 구체적인 방법을 알아보자.

유아도 메타인지 활용이 가능하다

메타인지 전략은 몇 살부터 가르칠 수 있을까? 장 피아제(Jean Piaget)는 메타인지 능력이 8세쯤에 발달하며, 연령이 증가함에 따라 자신의 심리적 과정을 스스로 조정하고 통제하는 능력이 점차 향상된다고 하였다. 대부분의 학자들도 일반적으로 메타인지는 학령기에 가장 크게 향상되고 성인기에 정점을 이룬다고 하였다. 그래서 지금까지 초등학교 고학년과 중고등학생을 대상으로 한 연구가 많았다.

하지만 최근에는 유아를 대상으로 한 연구에서 만 2세 이후 메타인지 활용이 가능하다고 주장하는 학자들이 나타나기 시작했다. 웰만(Wellman, 1985)은 만 2세가 되면 메타인지 활용이 가능하다고 하였으며, 윔머(Wimmer)와 페르너(Perner)는 만 4세가 되면 메타인지가 나타난다고 주장하였다. 또한 콘토스(Kontos)도 상호 작용하는 과제 수행 활동에서 3~5세 유아들에게 메타인지가 나타난다고 보고하고 있다.

국내 연구에서도 메타인지 전략을 활용한 독해로 만 5, 6세 유아의 독해력이 향상되었다는 보고가 있다. 만 5세 유아에게 메타인지 전략을 사용하여 교사가 책 읽기를 시도한 결과 이해력이 향상되었으며, 장면 기억력과 이야기 기억력 점수가 향상되었다는 연구 결과도 있다.

결국, 메타인지 발달에 관련된 연구들을 종합해보면, 메타인지의 발달은 학령기에 가장 크게 발달하지만 유아들도 메타인지 능력이 발달하기 시작하며 커가면서 점점 더 증가한다는 것을 알 수 있다. 이제 유아와 초등학생을 대상으로 메타인지 능력을 키우는 실전 전략을 소개하겠다.

메타인지 전략 1. 생각할 때 시선 돌리기

"초콜릿이 3개가 있다. 친구가 2개 더 선물로 주었다. 이제 초콜릿은 몇 개일까?"

이렇게 질문하면 수 세기와 셈을 갓 배운 아이는 손가락 3개를 펴고, 또 다른 손으로 2개를 펴서 "하나, 둘, 셋, 넷, 다섯"이라고 센다. 그런데 그 단계를 조금 지나 마음속으로 세는 게 가능한 아이에게 생각하며 계산하라고 하면 조금 특이한 모습을 보인다. 답을 생각하느라 시선을 돌려 허공을 쳐다보는 모습이다. 천천히 생각을 끝낸 아이는 모두 5개라 대답한다.

이는 아이들뿐 아니라 어른들도 마찬가지이다. 우리는 뭔가를 생각할 땐 시선을 돌려 목표 지점 없는 허공을 보고 있음을 알 수 있다. 그렇다면 시선 돌리기와 생각하는 것은 무슨 관계가 있을까?

시선 돌리기를 할 줄 알아서 아이가 암산을 할 줄 안다고 생각하기는 어렵다. 머릿속으로 계산할 줄 알기 때문에 시선이 저절로 그렇게 움직이는 것으로 보는 것이 더 자연스럽다. 그런데 학자들은 조금 다른 말을 한다.

다른 곳을 봐야 생각을 더 깊게 할 수 있다는 것이다. 게다가 아직 생각할 줄 모르는 아이라면 '시선 돌려서 생각하는 방법'을 가르치는 것으로도 메타인지 발달에 도움이 된다는 것이다.

한번 생각해보자. 우리가 무언가를 진지하게 생각할 때 시선이 어디로 향하는지. 절대 정면을 주시하며 생각하지 않는다. 왼쪽이나 오른쪽 위쪽의 허공을 쳐다보며 생각하게 된다. 생각할 줄 아는 사람들이 보이는 공통적인 특징이다.

그렇다면 아직 이런 능력이 발달하지 않은 유아에게 생각할 때 시선을 위쪽을 보라고 알려주면 과연 생각하는 데 도움이 될까? 신기하게도 시선을 바꾸는 것만으로도 아이의 생각하는 능력이 향상되는 결과가 나왔다.

시선 돌리기 자체가 아주 간단하고 효과적인 메타인지 기술이라는 점이다. 이런 동작은 생각을 더 깊게 오래 할 수 있도록 도와주며, 생각을 가다듬는 기술인 것이다. 참고로 뭔가를 생각할 때 눈동자의 방향에 따라 지어낸 거짓말인지 과거 기억인지를 구분하기도 하지만 이는 과학적으로 증명되지 않아 그냥 참고 사항으로 이해하면 좋겠다.

KBS 프로그램 '공부에 대한 공부'에서는 영국 코번트리헤더초등학교 만 5세 아이에게 시선 돌리기를 훈련시키는 모습을 보여준다. 생각을 깊이 할 때는 선생님을 보지 말고 시선을 돌리라고 가르친다.

"물건 가격은 6파운드인데 루이스가 10파운드를 냈어요. 얼마를 거슬러줘야 할까요? 시선을 돌리고 생각해보세요."

이때 시선이 가는 지점은 별다른 시각 정보가 없는 곳이면 된다. 이런 경험을 몇 번 하게 되면 아이도 시선을 돌리면 생각을 더 잘하게 된다는 사실을 알게 되는 것이다. 이 방법을 활용하여 아이에게 간단한 퀴즈를 내면서 이렇게 지시해보자.

"엄마가 사탕 10개를 너에게 줬어. 너는 동생에게 3개를 나누어 주었어. 그럼 너에게 남은 사탕은 몇 개야? 잠깐, 엄마 보지 말고 시선을 다른 데로 돌려서 생각해봐."

이렇게 말하는 것만으로도 아이의 생각하는 능력, 메타인지 능력이 향상될 수 있다는 것이다.

그러니 뭔가 생각할 과제를 주었을 때 "엄마 눈 똑바로 보고 말해."는 맞지 않는 방법이다. "다른 데 보면서 천천히 생각해보고 생각이 끝나면 말해줘."라고 말하는 것이 옳은 방법이다. 아이가 자연스럽게 시선을 위로 향하며 생각하는 습관이 들 때까지 시선을 다른 쪽으로 돌리도록 유도하는 것이 기본적인 메타인지 능력을 향상시키는 방법임을 기억하기 바란다.

메타인지 전략 2. 그림책으로 메타인지 전략 키우기

책을 읽기 전, 그림책 표지에서 제목을 보고 내용을 예측해본다. 주인공에게 무슨 일이 일어날지 추측해보고, 표지 그림을 보며 어떤 배경인지, 어떤 이야기가 펼쳐질지 생각해보거나, 자신의 경험과 연결시켜보는 것도 매우 좋은 방법이다.

책을 읽는 과정에서는 글의 내용을 듣거나 읽으면서 동시에 그림도 살펴보기, 다음 장의 내용이 무엇일지 추측해보기, 한 장을 넘겨서 자신의 추측이 들어맞는지, 다르다면 어떻게 이야기가 전개되는지 또 그다음을 추측해보는 것들이 모두 메타인지 전략을 키우는 방법들이다. 이런 방법들은 책의 이야기를 자신의 경험과 연결하여 자신의 생각들을 좀 더 정교화하고 조직화할 수 있도록 이끌어주기 때문이다.

책을 다 읽고 난 다음에는 전체 줄거리를 요약해서 자신의 언어로 표현하는 것도 매우 좋은 방법이다. 또, 자신의 이전 지식과 경험과 이야기의 어떤 부분이 연결되는지, 그래서 또 어떤 생각을 하게 되었는지 자신의 생각을 정리해보는 과정이 바로 인지 전략의 활성화를 도와 궁극적으로 메타인지 전략을 발전시키는 방법들이다.

물론, 아이가 그림책을 본 후 인상 깊었던 장면을 그림으로 그려보는 활동도 책의 내용을 다시 기억하는 데 도움이 된다는 연구도 있다. 그림 그리기 자체가 내용에 대한 재점검을 통해 깊은 처리 과정을 가능하게 하는 방법이기 때문이다. 하지만 메타인지 전략과의 비교에서는 메타인지 전략을 활용하는 것이 훨씬 더 잘 기억할 뿐 아니라 인지 전략이 발달됨을 알려주고 있다.

메타인지 전략을 활용하여 읽고 생각하고 이야기를 나눈 아이들은 책 읽고 단순히 그림을 그리거나 만들기 활동을 하는 것과 다르게 이해력이 향상된다는 것이다. 그리고 이후에도 꾸준히 이 능력이 유지되고 발전된다는 것도 증명되었다. 또한 이야기 이해를 바탕으로 회상하는 기억인 회상 기억력도 수준 높게 발달되어 이야기의 기억해야 할 부분과 그렇지 않은 부분을 구분해내는 능력에도 영향을 주는 것으로 나타났다. 즉, 목표에 맞는 기억 전략을 잘 사용할 수 있게 되었다는 말이다.

이제 그림책을 활용한 메타인지 전략을 '읽기'의 영역으로 확장 시켜보자. 책 읽기를 포함해 그림 읽기, 교과서 읽기, 만화 읽기, 영화 읽기, 심지어 인터넷 게임까지도 모두 읽기의 영역에 포함된다.

어떤 소재이든 그 과정에서 메타인지 능력을 잘 활용하는 사람이 수동적인 소비자에 머무르지 않고 능동적이고 건설적인 역할로 성장해갈 수 있다는 것은 너무나도 자명한 사실이다. 어떤 게임에 어떤 음악이 사람들을 몰입하게 만드는지, 자신이 어떤 경우에 지루함을 느끼고 어떤 점을 개선해야 하는지 깨닫는 사람과 그렇지 못한 사람의 발전 과정이 달라짐은 누구나 예측할 수 있는 것이다.

그러니 읽기 과정에서의 메타인지 전략은 아이가 성장해감에 따라 점점 더 중요한 역할을 하게 된다.

〈How people learn〉의 저자 앤 브라운(Ann Brown)은 읽기에서의 메타인지 전략을 명쾌하게 제시해주고 있다. 읽기 목적의 명료화, 사소한 내용보다 중요 내용에 초점 맞추기, 주요 메시지 발견하기, 자신에게 질문하기, 이해되지 않았을 때 이해를 위한 어떤 행동을 하는 것들이 중요한 메타인지 전략이라 강조했다. 그녀가 말한 '읽기에서의 메타인지 전략'들을 좀 더 쉽게 풀어서 생각해보자.

① 책 제목을 보며 책의 내용을 짐작해보고, 그렇게 생각한 이유를 말하기

② 그림책의 표지 그림을 보며 배경과 스토리를 짐작해보고, 그렇게 생
   각한 이유를 말하기
③ 책에 등장하는 특정 인물의 생각을 비교하고, 그에 대한 나의 의견을
   말하기
④ 저자의 주장이 무엇인지 파악하고, 그의 주장에 대한 나의 의견을 말
   하기
⑤ 글쓴이의 주장에 대한 근거를 정리해보고, 그에 대한 나의 의견을 말
   하기
⑥ 책 속의 인물의 생각이 변화된 과정을 알아보고, 그에 대한 나
   의 의견을 말하기
⑦ 글을 읽고 주제를 찾아보고, 나와 생각이 같은 점과 다른 점 말하기
⑧ 글을 읽고 나의 생각을 반영한 제목을 다시 만들어보기

이미 눈치챘겠지만, 일반적인 독서 교육 방법, 즉 중심 내용을 파
악하거나, 저자의 의도와 생각을 알아보는 수준에서 한 단계 나아
가 그렇게 생각하는 자신의 이유를 찾아 말로 표현하는 단계를 제
시하고 있다.

책을 읽으면 글쓴이의 의도와 강조하는 주제를 알아보는 과정
은 독해에서 꼭 필요하다. 하지만 더 중요한 것은 그에 대한 나의
의견을 정리해서 말로 표현하는 일이고, 좀 더 수준 높은 메타인지

전략으로 발전시키고 싶다면 자신의 생각과 말을 글로 표현하는 일이다.

바로 이것이 읽기에서의 메타인지 전략을 향상시키는 방법이다. 메타인지는 뭔가를 이해하고 적용하고 다시 수정하는 과정이라 했다. 결국 어떤 것을 읽고 그 내용을 다 기억한다 해도 그보다 더 중요한 사실은 그에 대한 자신의 생각을 정리해 표현할 줄 아는 것이다.

그렇다고 책 한 권을 읽거나 영화를 보고 이 모든 질문을 아이에게 하라는 말은 절대 아니다. 한 권의 책을 읽고 하나의 질문만 해도 충분하다. 엄마는 아이에게 거의 날마다 책을 읽어준다. 너무 많은 질문은 아이를 질리게 한다. 생각하는 질문은 생각보다 에너지를 많이 소모하는 작업이다. 지금까지 생각하지 못했던 질문은 더더욱 그렇다.

하루에 단 하나의 좋은 질문도 날마다 누적되면 어마어마한 양이 된다. 질문에 답을 생각하는 과정이 단 1~2분이어도 충분하다. 좋은 질문에 익숙해지면 스스로 생각하게 되고, 더 이상 누군가 질문을 주지 않아도 스스로 질문을 만들어내고 생각하게 되는 긍정적 자동적 사고로 자리 잡게 되기 때문이다.

메타인지 전략 3. 메타인지적 문제 해결력

다음의 질문에 대한 답을 생각해보자.

Q: 숙제를 해야 하는데 너무 하기 싫다. 어떻게 해야 할까?

Q: 수업 시간에 선생님 설명을 알아듣지 못해서 짝에게 물었다. 그런데 대답을 안 해준다. 어떻게 해야 할까?

Q: 친구가 자꾸 나를 툭툭 치고 지나간다. 하지 말라고 말해도 소용없다. 나는 어떻게 할 수 있을까?

Q: 친구가 내 뒷말을 했다고 한다. 나는 어떻게 할 것인가?

아이들이 종종 겪는 어려움이다. 이런 상황에 부딪혔을 때 우리 아이는 어떻게 문제를 해결해갈 수 있을까? 또래와 비교해서 어떤 정도의 문제 해결력이 적절하다고 생각되는가? 물론 아이의 나이에 따라 해결 방식의 성숙도는 많이 다를 것이다. 숙제가 힘들게 느껴지는 상황에서 어떤 문제 해결 방식이 바람직한지 한번 생각해보자.

아이가 숙제하기를 싫어하면 엄마는 너무 난감하다. 꼭 해야 하는 일을 하지 않겠다는 태도가 걱정이 되고, 계속 이러다 앞으로 공부를 안 하게 될까 봐 불안하다. 그런데 그보다 더 답답한 건 아이가 기분 좋게 숙제를 하도록 이끌어줄 방법을 알지 못한다는 점이다.

부모도 아이도 이렇게 답답한 수준에 머물러 있다면 부모 또한 메타인지적 문제 해결력을 발휘하지 못하는 건 아닌지 살펴보는 것이 필요하다. 부모도 방법을 알지 못하는데 아이가 어떻게 해결할 수 있겠는가? 그러니 이제 이런 문제로 아이가 힘겨워하고 있다면 우리 아이가 메타인지 전략을 키워갈 수 있도록 관찰하고 대화를 통해 알아가야 한다는 의미가 된다.

① 숙제가 왜 하기 싫은가?
② 어떤 점이 어려운가?
③ 쉽게 할 수 있는 부분은 없는가?
④ 어떤 방법이 아이가 숙제를 더 쉽게 할 수 있는가?
⑤ 어떤 도움이 필요한가?
⑥ 어떤 대화가 아이 마음을 숙제에 집중할 수 있게 하는가?

이렇게 대화를 나눈 한 초등학교 2학년 아이는 스스로 방법을 찾아내기 시작했다.

"숙제를 두 번에 나누어서 하고 싶어요. 그럼 안 힘들 것 같아요.

일기 쓰기도 한 번에 2줄이나 3줄 쓰고 놀다가 또 쓰고 그렇게 하면 쉽게 쓸 수 있을 것 같아요. 모르는 건 엄마한테 물어볼게요. 틀린 건 중간에 말하지 말고 다 하고 나면 말해주세요. 중간에 자꾸 틀렸다고 하면 또 하기가 싫어지니까요."

바로 이런 과정이 아이들에게는 학습 과정에서의 문제 해결 전략으로 적용될 수 있게 된다. 이제 침착하고 지혜롭게 문제 해결을 할 수 있는 메타인지 전략을 발전시키기 위한 질문을 알아보자.

① 한 가지 문제를 풀 때 나는 무엇을 하는가?
② 나는 어떤 실수를 자주 하는가?
③ 왜 그런 실수를 한다고 생각하는가?
④ 실수를 반복하지 않기 위해 무엇을 하면 좋을까?
⑤ 처음 보는 문제를 만났을 때, 어렵게 느껴진다면 어떻게 하는가?
⑥ 문제가 잘 안 풀릴 때 자신이 할 수 있는 방법을 모두 생각해보자.

이 질문에 대해 내가 하는 모든 것을 생각하고 글로 써보는 경험이 중요하다. 이런 질문을 주고 생각하는 연습을 하고 난 뒤 아이들이 자신에 대해 평가하는 말은 이렇다.

"나의 부족한 점은 문제를 잘 읽지 않는 점이다. 한 번만 읽고 이해가 안 되면 짜증이 난다. 그러면 문제를 풀기 싫고 그냥 아무거나 찍어버리고 싶다. 이젠 이런 모습을 고치고 싶다. 선생님이 알려준 대로 끊어서 표시하고 읽고, 잘 모를 때는 다른 쉬운 문제를 먼저 풀고 나중에 다시 읽어야겠다."

메타인지를 사용한다는 것은 아이를 수동 학습자에서 능동 학습자로 변화시킬 수 있다는 것이다. 또한 지금까지 쌓아온 배경지식과 과거의 경험을 토대로 새로운 정보를 받아들여 더 발전된 내용으로 재구성하는 응용력을 키워갈 수도 있다는 걸 확실히 알 수 있다.

지금 우리 아이가 어떤 문제를 맞고 틀리는 건 별로 중요하지 않다. 맞았든 틀렸든 그에 관해 스스로 평가하고 다음 전략을 고민하는 것이 중요하다. 만약 이런 과정이 없다면 아무리 성적이 좋다고 해도 불행하게도 우리 아이가 문제 풀이 기계로 전락할 수 있다는 사실을 기억해야 한다.

혹시 이런 과정을 아이가 부담스러워하고 싫어한다면, 지금 아이에게 필요한 것은 메타인지 전략을 배우는 전 단계인 생각하기를 즐기는 아이로 커가기 위한 준비가 필요하다는 의미이다. 이미 너무 잘하는 아이들과 비교하기보다 우리 아이의 발달 과정을 충실하게 따라가는 것이 중요하다.

인지적 재미를 느끼는 활동을 일주일에 한두 번, 두세 달만 진행해보자. 새롭게 배우는 것을 재미있어하고 즐기기 시작한다면 보다 발전된 수준인 메타인지 전략을 배우는 과정에도 흥미를 가지게 될 것이다. 인지적 재미를 느끼고 보다 깊이 생각하기를 즐기기 시작한다면, 메타인지 능력을 키워주는 질문과 대화가 가능해지는 것을 경험하게 될 것이다. 부모에게도 중요한 것은 성공 경험이다. 아이의 수준에 맞는 방식으로 꼭 성공을 경험하기 바란다.

이제 정리해보자. 학자들은 메타인지 전략이란 학습 과정에서 자신의 인지 과정을 계획하고, 모니터하고, 수정하는 활동이라 설명하고 있다. 내가 무엇을 공부하고 있는지, 어떻게 공부하고 있는지 살펴보고, 비효율적인 방법은 제거하고, 자신에게 효율적인 방법을 찾아 더 발전시켜갈 줄 아는 전략을 말한다.

좀 더 쉽게 말하면 자신이 노력해야 할 부분과 쉽게 넘어가도 되는 부분을 알아차리고 자신의 의지로 마음을 조절하며, 어떻게 하면 더 잘 이해하고 기억하고 정보를 표현해낼 수 있는지 그 방법을 알고 적용하는 인지 전략이 바로 메타인지 전략이라 할 수 있다.

메타인지 전략을 키우는
3단계 질문법

아직 메타인지를 키워주는 방법들이 어렵게 여겨진다면 3단계의 질문으로 배우는 메타인지 전략을 익히면 좋겠다. 간단하게 놀이처럼 활용할 수 있는 방법을 알아보자.

질문1. 나는 누구인가

첫 단계 질문은, 나에게 던지는 질문이다. 메타인지 발달을 위해서는 가장 먼저 나에 대해 알아야 한다. 그러기 위해 우리는 자신에게 질문을 던져야 한다.

나에게 부족한 점은 무엇인가?
실수를 하지 않기 위해 무엇을 하고 있는가?

어떤 방법이 나의 능력을 가장 잘 발휘하는 방법인가?

이런 질문을 통해 스스로에 대해 알아야 한다. 이 부분을 키우기 위한 활동이 있다. 바로 자신의 감정과 생각을 알고 표현하는 방법이다.

감정과 생각 찾기 놀이

감정 단어와 생각 단어를 제시하고, 그 감정 속에 숨어 있는 자신의 생각을 알아가는 과정이다. 조금 어려운 문제를 만났을 때 아이에게 질문한다.

감정 단어	기분 좋은, 기쁜, 만족스러운, 뿌듯한, 자랑스러운, 재미있는, 자신감 있는, 당당한, 의욕적인, 편안한, 고마운, 기대가 되는, 용기 나는, 확신하는, 회복되는, 위로되는, 흐뭇한, 미안한, 슬픈, 외로운, 긴장되는, 우울한, 실망스러운, 화나는, 겁나는, 걱정되는, 떨리는, 초조한, 억울한, 창피한, 부끄러운, 피곤한, 지친, 난처한, 곤란한, 혼란스러운, 당황스러운, 지겨운, 지루한, 심심한
생각 단어, 바람 단어	궁금하다, 고민하다, 깨닫다, 전망된다, 예상된다, 토론하다, 숙고하다, 추측하다, 반대하다, 이상하다, 의심된다, 더 알고 싶다, 알아보겠다, 확인하다, 고치고 싶다, 분석하다, 예상하다, 대조하다, 비교하다, 배우다, 이상하다, 활용하다, 확인하다, 응용하다, 변화시키다, 발전시키다

지금 어떤 감정을 느끼는지 찾아보자.

왜 그 감정을 느꼈는지 이유를 말해보자.

그 감정에서 벗어나 어떤 감정을 느끼고 싶은지 말해보자.

그러기 위해 어떤 방법을 사용하면 좋을지 생각해서 말해보자.

아이들과 만나서 이야기 나눌 때마다 경험하는 건 아이들은 자신의 마음을 탐색해가는 것을 좋아한다는 사실이다. 어렵고 하기 싫은 마음만 있다고 생각했는데 감정을 찾고 그 속에 숨어 있는 자신의 생각과 자신이 바라는 바를 알아가는 과정에서 아이들은 진지한 흥미를 느낀다.

좀 더 재미있게 활용하고 싶다면 시중에서 구입할 수 있는 감정 카드, 바람 카드 등을 활용하거나 직접 만들어서 사용하면 된다. 이런 과정을 통해 아이는 자신의 실수를 깨닫고, 다음엔 어떻게 다르게 해야 할지, 보다 효과적인 방법은 어떤 것인지 스스로 찾아가는 메타인지 능력을 잘 발달시킬 수 있게 된다.

이런 과정이 번거롭게 느껴진다면 나중에 엄청난 유산을 물려주는 것보다 더 중요하다고 생각해보기 바란다. 아이의 메타인지 능력이 잘 발달한다면 어떤 일에서도 매우 좋은 결과를 얻을 수 있으니 말이다.

질문 2. 이건 무엇인가

두 번째 질문은 자신에게 주어진 과제가 무엇인지 파악하는 질문이다.

내가 해결해야 할 과제는 무엇인가?

이 문제를 풀기 위해 내가 알고 있는 것은 무엇인가?

내가 문제 해결을 위해 노력할 점은 무엇인가?

이런 질문을 던지고 그 답을 생각해보아야 한다.

아이에게 과제란 대부분 부모나 교사가 시키는 것이다. 아이들에게 자신에게 주어진 과제가 무엇인지 질문하면 숙제하는 것이라 대답한다. 문제 풀이 상황에서 과제가 무엇인지 질문하면 문제를 잘 푸는 것이라 말한다. 그런데 어려운 문제가 나오면 어떻게 하는지 질문하면 더 이상 대답이 없다. 어려운 건 자신이 모르는 것이고 그걸 해결할 방법은 없으며 다음에 다시 그 문제를 공부해야 한다고 생각한다. 시키는 공부, 검사받는 공부에 길들여진 아이들의 특징이다. 이런 현상에서 벗어날 수 있는 방법을 알아보자.

선생님 놀이, 엄마 놀이

역할 놀이는 역지사지를 배우고 공감 능력을 키우는 최고의 놀이 방법이다. 그중에서도 선생님 놀이가 가장 좋은데, 여기서 아이는 교사 역할을 하면서 학생에게 과제를 주거나 설명하는 역할이다. 잘못한 행동을 훈육하고 잘한 행동에는 칭찬해주면서, 학생의 역할이 무엇인지 깨닫는 과정이다. 메타인지 능력을 키우기 위한 선생님 놀이에서는 특정 주제의 문제를 설명하는 놀이로 진행하면 된다.

선생님 역할을 하는 아이가 내용을 설명하거나 시험 문제를 내는 역할이다. 아이들은 어른 역할 하기를 매우 좋아한다. 엄마 아빠 놀이에서 서로 엄마 아빠를 하려고 한다. 어린아이 역할을 맡은 아이는 울면서 자기만 아이 역할을 시킨다고 하소연하기도 한다. 그러니 아이의 이런 특성을 잘 살려 선생님 놀이를 하면 아이는 학생 역할에게 과제가 무엇인지 설명하고, 이 문제를 풀려면 어떤 노력을 해야 하는지, 어려운 점이 있을 때 어떤 도움을 청하고 무엇을 찾아보아야 하는지 깨닫게 되는 것이다.

질문 3. 어떻게 해결하겠는가

세 번째 질문은 전략에 관한 질문이다.

나는 문제를 해결하기 위해 어떤 생각을 하는가?

어떤 방법이 문제를 해결하기 위한 가장 효율적인 방법인가?

내가 사용한 전략은 무엇이고, 좀 더 배워야 할 전략을 무엇인가?

이렇게 질문을 던지고 생각하는 능력이 곧 메타인지 전략을 키우는 핵심 질문의 단계이다.

한 연구에서 아이들에게 읽기 과정에서 학습 전략의 효과를 알려주고, 그 정보가 독해력을 향상시킬 수 있는지 실험해보았다. 아이들을 세 집단으로 나누었다. A집단에게는 학습 전략을 사용하면 학습 수행에 매우 유익하다는 정보를 주었다. B집단에게는 실력이 향상된 것은 학습 전략을 사용한 덕분이라고 칭찬하였다. C집단에게는 이 2가지 방법을 혼용하였다. 즉, 이미 실력이 향상된 것은 학습 전략을 잘 사용했기 때문이고, 학습 전략을 사용하면 학습 수행에 매우 유익하다는 정보도 준 것이다. 이중 가장 많이 독해력이 향상된 집단은 C집단이었다. 전략에 대해 설명해주고, 실력이 향상된 원인이 전략을 잘 사용했기 때문이라고 칭찬해 주는 방법이 독해력 향상에 큰 도움이 된 것이다. 이 방법을 활용해보자.

메타인지 설명 놀이

초등학교 1학년에서 5학년까지의 아이들 약 30명에게 책을 읽거나 문제를 풀 때 어떤 방법을 사용하는 것이 좋은지 아이디어를 모아보라고 했다. 질문과 아이들이 말한 내용들이다.

Q: 책 읽을 때 어떻게 하면 더 잘 기억할까?

　　어려운 문제가 나왔을 때 어떻게 하면 좋을까?

A: 덜렁대지 않고 꼼꼼하게 문제 읽기

　　중요한 내용에 밑줄 긋기

　　줄 친 것 다시 읽어보기

　　이해 안 되는 부분도 다시 읽기

　　중요한 내용에는 별표 하기

　　궁금한 점, 다르게 생각하는 점을 적어놓기

　　내가 잘한 점과 부족한 점 찾아서 쓰기

　　다음에 다르게 하고 싶은 점 꼭 글로 써놓기

　　친구랑 서로 독서 퀴즈 문제 내고 서로 알아맞히기

　　친구랑 서로 수학 문제 내고 알아맞히기

아이들이 직접 말하는 메타인지 전략들이 학자가 제시한 메타인지 전략과 별로 다르지 않다. 이렇게 말한 내용들을 정리해서 다시 아이들에게 프린트해서 돌려주었다. 이 방법들이 바로 아주 훌륭한 메타인지이고, 이걸 생각해낸 너희들은 메타인지 능력이 아주 잘 발달하고 있음을 칭찬하면 된다.

이렇게 생각하고 깨닫는 과정이 바로 메타인지를 사용하는 과정임과 동시에 메타인지 전략을 수준 높게 발달시키는 과정이다. 생각나는 대로 가끔씩 혹은 종종 활용하다 보면 분명히 날로 성장하는 아이를 만날 수 있게 될 것이다.

메타인지 지식과 전략은 오늘 하루 함께 경험했다고 해서 바로 그 능력이 눈에 띄게 향상되는 것은 아니다. 메타인지를 통한 사고력의 효과는 서서히 나타나므로 유아와 저학년 때부터 메타인지 전략을 꾸준히 가르치는 것이 필요하다는 사실을 기억하기 바란다.

7교시
·
·

자존감

기본이 단탄하면
자존감은 저절로 높아진다

아이의
자존감과 사회성

아이의 정서적인 문제 원인을 크게 2가지로 정리한다면 바로 자존감과 사회성이라 할 수 있다. 공격적인 행동이 심한 아이도, 쉽게 주눅 들고 자기표현을 못 하는 아이도 차근차근 마음을 살펴보면 모두 비슷하다. 스스로에 대한 자아 개념이 부정적이어서 자신을 잘 돌보거나 존중할 줄 모르고 남과 비교하여 자신은 늘 부족하다고 생각해 스스로 무가치하다고 느낀다. 한마디로 자존감이 너무 낮은 것이다.

아이가 스스로에 대해 이렇게 생각하고 있으니 인간관계가 잘 형성되지 않는다. 앞에서 걸어오는 사람이 무뚝뚝한 표정으로 쳐다보기만 해도 '저 사람은 나를 싫어하는구나.'라고 생각하기도 하고, 친구들이 모여 있는 곳에 다가갔을 때 한 친구가 일어서면 '저 아이는 내가 싫어서 자리를 뜨는구나.'라고 생각하기도 한다. 그러다 정말 친구가 "너랑 놀기 싫어."라고 말하기라도 하면 온 세상 사람들이 모두 다 나를 싫어하는 것 같고, 버림받아 홀로 남겨진 느낌으로 괴롭다.

이런 심리적 상황에서 자신이 먼저 친구에게 다가가 말을 거는 건 상상할 수도 없다. 움츠러들고 불편한 마음으로 친구를 편히 대할 수 없는 것이다. 혹시 친구 관계로 괴롭다면 누군가에게 도움을 요청해야 하건만 자존감이 낮은 아이는 그런 사회성을 발휘할 엄두도 내지 못한다.

아이의 자존감과 사회성에 문제가 있다고 생각해 찾아온 부모와 상담을 하며 가장 자주 보는 대표 사례 몇 가지를 소개하겠다.

• 사례1 •

6살 딸이 친구에게 스티커 한 장만 달라고 했는데 친구가 싫다고 말하면 그 자리에서 그냥 울어버립니다. 다른 친구에게 같이 놀자고 말했는데 "싫어."라는 말을 들으면 또 울음이 터집니다. 자존감도 낮고 사회성도 부족한 것 같은데 아무리 말로 가르쳐도 바꾸지 않습니다.

• 사례2 •

7살 아들이 장난감을 가지고 놀고 있는데 친구가 와서 말도 없이 장난감을 가져가면 아무 말도 못 하고 그냥 당하고 맙니다. 자기가 좋아하는 건데도 싫다는 말도 못 해요.

• 사례3 •

초1 남자아이예요. 담임 선생님께서 아이가 자존감이 너무 낮아서 뭘 해도 소극적이고, 조금만 어려워도 아예 포기해버린다고 합니다. 집에서 칭찬도 많이 해주고 자존감을 높여주라고 하는데 어떻게 하는 게 자존감을 높여주는 것인지 잘 모르겠습니다.

• 사례4 •

2학년 아이가 할머니께 받은 용돈 만 원을 하루 만에 다 써서 어디에 썼는지 물으니 친구들 떡볶이 사 줬다고 합니다. 자기랑 놀아준다고 해서 그냥 다 사 줬다고 하네요. 이 아이에게 뭐라 말해줘야 할까요. 왜 이렇게 친구에게 끌려가는지 모르겠어요.

• 사례5 •

사소한 결정도 하나하나 물어보는 9살 여자아이 엄마입니다. 친구들과 있을 때 한 번도 자기 생각을 말하지 못해요. 주도적으로 생각하고 결정할 수 있는 아이로 키우고 싶은데 어떻게 해야 할까요.

사례에서 공통으로 알 수 있듯이 아이는 의존적이고 소극적인

태도를 보인다. 특히 성격이 유순한 아이는 자존감과 사회성이 부족한 현상을 있는 그대로 드러낸다. 약간의 갈등 상황뿐 아니라, 자신과 전혀 상관이 없는 상황에서도 문제가 발생하면 문제의 원인이 자기 때문이라고 생각한다. 심한 경우 문제의 원인이 되는 자신을 세상 사람들이 모두 싫어한다는 망상 현상까지 보이며, 한마디도 제대로 대응하지 못하게 되기도 한다.

아이가 이런 모습을 보인다면 부모는 너무 괴롭다. 부모는 이럴 때 어떻게 해야 할까? 무엇을 도와줘야 할까? 이 모든 것은 자존감에서 비롯된다. 무엇보다 먼저 자존감에 대해 제대로 알아보자.

스스로
자존감을 키우는 아이

가짜 자신감에 속지 마라

가끔 아이가 자기주장이 강하고 고집을 절대 꺾지 않는 행동을 두고 자신감이 높아서 그런 거니 괜찮지 않은가 질문하는 부모가 있다. 공부하지 않고도 시험을 잘 볼 수 있다고 큰 소리치는 것을 보고도 자신감 있는 당당한 태도라며 괜찮다고 넘기는 때도 있다. 과연 맞는 판단일까? 자신감과 자존감은 엄연히 다른 의미다. 제대로 된 아이의 자존감을 키워주기 위해 먼저 자신감과 자존감을 구분할 줄 알아야겠다.

자신감은 어떤 일에 대하여 뜻대로 이루어낼 수 있다고 자신의 능력을 굳게 믿는 마음이다. 쉽게 말하면 뭔가를 잘할 수 있다는 자신에 대한 믿음을 말한다. 자신이 하는 일이 잘될 거라 믿으면 그

믿음대로 이루어진다는 말이 있다. 그러니 앞서 말한 대로 시험공부를 하지 않고도 난 좋은 성적을 얻을 수 있다고 믿으면 좋은 성적이 나올 수 있는 것은 아닐까? 당연히 아니다. 우리는 이미 제대로 된 적절한 노력의 과정 없이 솟은 자신감은 공허한 울림이 되고 만다는 걸 너무 잘 알고 있다.

성공은 자신감을 바탕으로 열심히 노력해야 얻을 수 있는 결과다. 즉, 너 자신을 믿으라는 말에서 잘될 수 있다고 믿으라는 말의 의미는 그 결과에 관한 것이 아니다. 오히려 '너는 그 과정을 해낼 수 있다'라는 의미에 가깝다.

제대로 된 자신감을 가졌다는 것은 어떤 일이 생겼을 때 좌절하거나 포기하지 않는 것이다. 힘들면 조금 쉬었다 다시 적응하고 헤쳐 나가는 힘이다. 그런 일이 생겼을 때 자신을 탓하지 않고 남을 원망하지 않는 마음가짐이다. 일의 과정을 분석해서 다양한 방법을 시도해 해결할 수 있을 거라는 자신에 대한 믿음이다.

자신감과 자존감 구분하기

코넬대학교 사회 심리학과 교수 데이비드 더닝(David Dunning)과 대학원생 저스틴 크루거(Justin Kruger)가 대학생들에게 실험한 '더닝크루거 효과'라는 재미있는 실험이 있다. 실험 내용은 학부생 45

명에게 20가지의 논리적 사고 시험을 치르게 한 뒤, 자신의 성적 순위를 예상해서 적어내도록 했다. 실험 결과는 성적이 낮은 학생일수록 자신의 예상 순위를 높게 책정했고, 성적이 높은 학생은 낮게 평가하는 현상이 나타났다.

이 실험은 자신감에 대한 인지 왜곡 현상을 잘 설명해준다. 사람들은 얕은 지식이 있는 상황에서는 섣부르게 판단할 가능성이 커진다. 반면, 능력과 지식이 있음에도 자신을 신뢰하지 못하고 남들보다 자신이 못하다고 스스로 낮게 평가하는 현상도 나타난다는 것을 알 수 있다. 짐작하겠지만 이 2가지 모습 모두 바람직하지는 못하다.

더닝크루거 효과는 잘못된 결론에 도달해도 그걸 알아보는 능력이 없어 실수를 알아차리지 못하는 현상을 설명한다. 자신의 성적이 낮음에도 높은 순위를 예상하는 아이, 예상보다 낮은 순위를 받아 들고 자신은 운이 나빴을 뿐이라고 치부하는 아이, 친구들과 갈등에서 자신은 잘못한 것이 없다는 자신감으로 무슨 문제가 왜 발생했는지 이해하지 못하는 아이 등이 대표적인 경우다. 우리는 이런 아이들을 보며 자신감이 있어 보기 좋다는 말은 하지 않는다.

우리가 아이에게서 바라는 모습은 막연한 자신감이 아니라, 진정으로 자신의 가치를 알고 현명하게 일을 풀어갈 수 있는 자존감으로 이해하는 과정이 필요하다. 이제 우리 아이를 살펴보자. 혹시 우리 아이도 더 잘하길 바라는 마음에 근거 없는 자신감을 보이지는 않는가. 또 그런 모습을 내가 부추기고 있지는 않은가. 주의 깊게 살펴봐야 할 부분이다.

영국의 수학자이자 철학자인 버트런드 러셀(Bertrand Russell)은 "이 시대의 아픔 중 하나는 자신감이 있는 사람은 무지한데, 상상력과 이해력이 있는 사람은 의심하고 주저한다는 것이다."라고 했다. 아이를 성장시키고 발전시키는 일에 필요한 것은 근거 없는 자신감이 아니라 진정한 자존감이다. 자신이 무엇을 모르는지 알고, 자신이 가진 이해력과 상상력을 발휘하여 더 발전적인 일을 수행하는 힘의 원천이 바로 자존감이다.

자존감이 끼치는 영향

자존감을 정의하면 '자신에 대한 긍정적 또는 부정적인 평가와 관련하여 자기를 존중하고 자신을 가치 있는 사람으로 생각하는 정도'라고 할 수 있다. 심리학에서 자존감에 대한 연구는 무척 오랫동안 진행되어왔다. 그 결과 학자들은 높은 자존감은 학업 수행, 수행의 질, 인내력, 낙관성, 삶의 만족도, 정서적 관계, 부정적인 사건 이후 더 나은 대처 능력과 같은 긍정적인 결과들과 연결된다고 설명한다.

미국 하버드대 교육대학원 조세핀 킴(Josephine Kim) 교수는 "자존감이 비단 학업뿐 아니라 삶의 거의 모든 영역에 영향을 주며, 살아가면서 생기는 문제를 극복할 때 자존감이 높은 사람은 더 잘 이겨내고 성공한다."고 말한다. 또한, "직업, 우정 또는 가족 관계에 이르기까지 자존감이 높은 사람이 더 잘해낸다."고 강조한다. 또 이와 반대로 낮은 자존감은 부정적인 결과들과 연관되어 있다고 설명한다.

아이의 자존감이 육아의 중요한 키워드로 부상한 이후 교육 기관과 상담 현장에서는 아이의 자존감을 키우기 위한 다양한 프로그램을 적용하기 시작했다. 하지만, 꽤 오랜 시간이 흘렀음에도 전반적인 사회 현상을 살펴보면 우리 아이들의 자존감이 높아졌다는 증거를 찾기는 어렵다. 또 가정에서도 온갖 노력을 들이며 아이를 잘 키우기 위해 노력하고, 심리적·정신적 건강도 챙기기 위해 아이와의 대화까지 신경 써가며 마음을 보살피고 있지만, 그 노력의 결과들이 눈에 띄게 나타난다고 확실하게 말하기는 어렵다.

자존감 향상 프로그램을 진행했을 때 분명히 자존감이 높아졌다는 연구 결과가 대부분이었다. 하지만 이것이 학업 성취 향상으로 이어지진 못했다. 또 현장에서 보면 자존감 향상 프로그램을 통해 잠시 친구 관계에서 개선점을 보이지만, 결국엔 다시 문제 행동으로 돌아가게 되는 결과를 굉장히 자주 접한다. 학자들이 주장하는 대로 자존감을 높이면 친구 관계, 학업 모두에 좋은 영향을 준다는 사실은 틀린 것일까.

진정한 자존감이란

자존감이 높으면 대부분의 심리적 요소들이 잘 자란다는 연구 결과로 다시 돌아가 살펴보자. 자존감을 높였는데 심리적 요소가 따라오지 않았다. 그렇다면 심리적 요소의 안정감이 높은 자존감을 만드는 것은 아닐까. 이제 우리는 무엇이 먼저인지에 대해 고민해 봐야 한다.

자존감이 높아서 친구 관계가 좋고 학업 성취를 잘하게 된 것인지, 반대로 원활한 친구 관계의 경험과 성공적인 학업 성취를 이루면서 자존감이 높아졌는지에 관한 인과 관계를 생각해보자는 것이다. 잘 이해가 되지 않는다면 성인인 나를 생각해보자. 내가 하는 일이 잘된다면 그건 자존감이 높아서일까, 아니면 하는 일이 잘되고 뿌듯한 성공 경험을 하고 나니 자존감이 높아진 것일까. 성인 대부분은 자신의 직업이나 하는 일, 혹은 부모 역할에서의 성공이 자존감 향상을 가져온다는 데 동의하고 있다는 점을 참고하면 답이 나온다.

그렇다면 결국 아이도 높은 자존감이 좋은 결과를 가져온다는 것보다 긍정적인 수행과 학업 성취 향상이 높은 자존감을 형성하게 도와준다는 의견에 더 동의가 된다. 그렇게 높아진 자존감은 실수나 실패했을 때에도 다시 힘을 모아 지속해서 시도하고 도전하게 만든다는 사실이 매우 중요하다.

그러니 우리 아이의 문제 행동이 자존감이 낮아서라고 생각이 된다면 자존감을 높이기 위한 정서적 접근은 생각보다 효과가 없을 수 있다. 물론 정서적으로 아이 마음을 공감하고, 위로하고, 격려하면 아이는 이렇게 자신의 마음을 알아주고 품어주는 부모님에게 감동하고 감사한다. 이 마음은 부모님을 실망하게 하지 않겠다는 마음에 닿고, 잘 생활하고 열심히 공부하고 싶다는 의지에 불을 붙일 수 있다. 하지만 이런 마음은 잠시뿐이다.

책상에 앉아보지만 글자는 눈에 들어오지 않고, 친구들을 만나면 여전히 주눅 들거나 마음에 들지 않는 상황에 화가 난다. 변하지 않는 아이를 보며 부모도 답답하고 힘이 든다. 아이는 아이대로 이제 더 이상 돌파구가 없다. 자신이 무능하고 가치가 없다는 생각에 또다시 자존감은 바닥으로 곤두박질치게 되는 것이다.

이런 악순환이 계속되고 있다면 이제 우리가 아이의 자존감을 높이기 위해 먼저 해야 할 일은 다시 기본 원칙으로 돌아가는 것임을 깨달아야 한다. 아이는 부모와의 좋은 관계를 바탕으로 친구들과 신나게 놀며, 서서히 인지적 재미를 느끼고, 스스로 배우고 익히는 게 많아진다는 뿌듯함과 성취감을 느껴야 한다. 아이는 성취 경험, 성공 경험을 통해 자신이 훌륭한 사람이라는 증거를 확인해야 진정한 자존감을 가질 수 있게 되는 것이다.

친구들과
놀지 못하는 아이

아이의 공감 능력이 곧 사회성

친구에게 같이 놀자고 말하기 어려운 아이, 친구가 자신의 물건을
말없이 가져가도 머뭇거리기만 하고, 부당한 대우를 받거나, 자기
만 빼고 친구들이 놀고 있을 때 아무 말도 못 하는 아이에게 부모들
은 이런 말로 아이를 가르친다.

　"직접 친구한테 얘기해보는 게 어때?"
　"같이 놀자고 말해봐."
　"싫다고 말해."
　"선생님께 도움 요청해."

불행히도 부모가 가르치는 이런 대응은 아이들이 할 수 없는 경우가 많다. 이런 말을 할 수 있는 아이라면 이미 자존감이 높고 사회성이 좋아 자기 마음을 솔직하게 표현하는 아이다. 그러나 우리 아이는 지금 그것이 어려운 아이다.

기본적으로 건강한 사회성은 공감 능력에서 시작한다. 이는 나의 마음을 알고 상대의 마음을 아는 역지사지 능력이다. 내가 지금 친구와 어울리고 싶은지, 혼자 있고 싶은지 알고, 상대가 지금 기분이 좋은지, 좋지 않은지를 알고, 뭘 하고 싶어 하는지, 또 하기 싫은 것은 무엇인지 알고 서로의 감정과 생각을 조절하고 조율해가는 능력을 말한다.

과연 우리 아이의 사회성은 어떨까. 아주 간단한 질문으로 우리 아이의 사회성을 점검해볼 수 있다. 다음 페이지의 문항들은 필자의 임상 경험을 바탕으로 선별한 문항들이다. 질문을 따라가다 보면 우리 아이의 사회성에 대해 쉽게 가늠해볼 수 있을 것이다. 물론 제대로 된 심리적 상황을 알아보려면 전문가에게 종합심리검사를 받아볼 것을 추천한다.

사회성이 좋다고 판단되는 아이들은 대부분의 항목에서 그렇다는 대답이 나온다. 그렇다면 부모는 지금 현재의 모습이 잘 유지되고 발전할 수 있도록 가볍게 칭찬하고 격려해주는 정도로도 충분하다.

그런데 이 항목들에 부정적인 답변이 더 많이 떠오른다면 우리 아이의 사회성에 대해 고민이 필요하다.

초간단 사회성 테스트

질문	그렇다	아니다
1. 인사할 줄 아나요?		
2. 친구가 말을 걸면 대답을 잘하나요?		
3. 눈을 보며 말하나요?		
4. 함께 놀 줄 아나요?		
5. 함께 웃나요?		
6. 규칙을 잘 지키나요?		
7. 도움 요청할 줄 아나요?		
8. 도와줄 줄 아나요?		
9. 속상한 친구를 위로할 줄 아나요?		
10. 싫을 때 거절할 줄 아나요?		

아이의 기질, 외향성과 내향성

아이의 사회성을 판단하기 전에 한 가지 꼭 짚어야 할 부분이 있다. 우리 아이가 외향성인지 내향성인지 구분해보는 일이다.

유아기까지는 사회성이 확실히 보이지 않는다. 다만 기질적으로 불안 수준이 높은지, 낮은지. 내향적인지, 외향적인지 정도는 알 수 있다. 낯을 가리지 않고, 스스럼없이 사람을 대하는 아이는 엄밀하게 말하면 사회성이 좋다기보다 기질적으로 외향성이라 보는 것이 적절하다.

외향성이라고 해서 모두 사회성이 높은 건 아니다. 앞장서기를 좋아하고 어떤 일을 잘 밀어붙이는 사람을 보면 우리는 적극적이고 활달해서 좋긴 하지만, 그 정도가 심하면 왠지 모를 불편감을 느낀다. 그런 사람은 높은 에너지의 외향성을 보이지만, 정작 사람들의 불편을 알아차리지 못하기에 사회성이 높다고 말할 수 없는 것이다.

반대로 소극적이고 자기표현을 잘 하지 않는 사람을 내향성이라 말한다. 그런데, 수줍음이 많고 말을 잘 못 한다고 해서 사회성이 낮다고 섣부르게 판단하면 안 된다. 아이가 내향성의 기질을 가지고 있다면 사회성 정도를 판단하기 전에 내향성의 기질적 특징을 알아야 한다.

내향성 아이들은 여러 명의 친구와 어울리는 걸 불편해하는데 이는 매우 당연하다. 내향성 아이는 사람이 많을 땐 말을 꺼내지 못하고, 발표도 어려워하고, 부끄러움이 많아 눈맞춤도 잘못할 수 있다. 내향성 아이의 사회성 정도를 알아보려면 여러 명이 아니라 한두 명의 친구와 있을 때의 태도를 살펴봐야 한다.

내향성 아이의 사회성에 대한 오해

우리는 그동안 살며 만나온 사람들을 통해 내향성 사람들이 공통으로 보이는 특징을 알고 있다. 바로 사람들이 많이 있을 땐 말을 잘 하지 않는다는 사실이다. 그들은 사람들이 많이 있을 땐 적설히 미소만 짓고 별말 없이 있다가, 사람들이 빠져나가고 난 다음 조용해지면 살며시 다가와 작은 목소리로 조곤조곤 자신이 하고 싶었던 말을 한다. 상대의 마음도 잘 알아차리고 그 마음도 다독여주며 대화를 이어간다. 겉으로 보기와 다른 적극성과 집중과 열성을 느끼게 한다.

그렇다. 내향성 기질을 갖고 태어난 아이들의 사회성은 일반적으로 알려진 특징과는 조금 다르다. 먼저 말을 걸지 못하고, 쉽게 도움을 청하지는 못할 수 있지만, 그렇다고 해서 아무 표현을 못 하는 것이 아니라는 점이다.

게다가 아이는 커가는 중이다. 그러니 우리 아이가 많은 친구들 틈에서 적극적이지 못하다고 해서 걱정부터 하고 아이를 고치려 하는 건 섣부른 태도다. 우리 아이가 한두 명의 친구와 있을 때 이야기를 잘하는지, 자주 미소 지으며 기분 좋은 표정을 보이는지, 그 친구를 좋아하고 다음에 또 만나고 싶어 하는지가 내향성 아이의 사회성을 살펴보는 일이다.

내향성 아이가 여러 명의 친구들과 어울려 놀 때 혼자 슬그머니 빠져나와 혼자 놀거나, 친구들이 노는 모습을 보고만 있는 것도 사회성을 발달시키는 과정이다. 혼자 놀아도 좋다. 가끔 한두 명의 친구와 이야기 나눌 수 있다면 괜찮다.

오히려 부모가 아이를 억지로 여러 명의 친구들과 놀게 한다거나, 주목받게 하는 등 지금 너는 문제가 있다는 태도를 보이면 아이는 혼란스러워진다. 그리고 친구 관계에 대해 잘못된 인식을 하게 된다. 다만, 한두 명의 친구와도 전혀 어울리지 못하거나, 아예 친구들이 있어서 말을 전혀 하지 않는 수준이라면 아이의 심리 상태를 알아보고 따로 사회성 훈련을 받게 할 필요가 있다.

우리 아이
사회성 키우기

사회성을 키워주는 8주 프로그램

자존감이 높으면 사회성은 저절로 키워지는 부분이 매우 많다. 대부분의 연구 자료에서도 알 수 있듯이 자존감이 높은 아이는 친구 관계도 무척 잘 이룬다. 군이 연구 결과가 아니라도 주변의 아이들을 살펴보면 쉽게 알 수 있다. 성숙하고 여유로운 아이에게는 늘 친구가 있고, 관계도 무척 좋다.

만약 우리 아이가 사회성이 부족하다면 기본 원칙으로 돌아가 관계를 점검하고 인지적 재미를 느끼며 성공하는 경험을 제공하여 자존감을 키워주는 노력이 필요하다. 그런데 그런 심리적 문제가 없음에도 불구하고 약간의 사회적 기술은 배울 필요가 있다. 그런 경우를 위해 상담 현장에서 활용하는 사회성 프로그램을 소개한다.

우리 아이 사회성 키우기 프로그램

회차	주제	실천 방법
1회	친밀감 형성하기	1. 사회성이란? 2. 자기소개와 친밀함 3. 다양한 자기소개 방법 4. 책으로 친밀함을 키우는 방법
2회	긍정적 자아상 갖기	1. 긍정적 자아상이 사회성에 미치는 영향 2. 나는 어떤 사람인가? 3. 나의 자랑, 나의 좋은 점 알아내기 4. 나와 친구의 같은 점, 다른 점 알기
3회	의사소통 기술 I – 자기 표현력 키우기	1. 나의 감정 알기 2. 비난하지 않기의 중요성 3. 원망을 키우는 너 전달법 4. 나-전달법으로 감정과 생각, 원하는 것 표현하기 5. 용기 있게 말해요
4회	나의 욕구와 성공 경험 찾기	1. 나는 어떤 욕구를 채우고 싶은가? 2. 어떤 방법을 선택하는가? 3. 원하는 것을 얻기 위한 바람직한 방법 탐색하기
5회	의사소통 기술 II – 친구 마음 제대로 알고 배려하기	1. 친구 감정 읽어주기 2. 친구 입장 이해하기 3. 도움 주기와 도움 받기 4. 친구와 좋은 관계 유지하기

6회	세상을 보는 관점 바꾸기	1. 긍정적인 눈으로 바라보기 2. 색다른 시선으로 자신과 타인의 긍정적 의도 찾아보기
7회	의사소통 기술 Ⅲ – 친구와 함께 문제 해결하기	1. 눈에 보이는 것이 전부가 아니다 2. 친구와의 갈등 해결하기 3. 친구와 함께 문제 해결하기
8회	함께 배우고 즐기기	1. 의사소통의 걸림돌 2. 의사소통의 디딤돌 3. 함께 협력하기

위의 표는 실제 상담 현장에서는 주 1회, 8주간 진행하는 프로그램이다. 물론 이런 프로그램을 시행한다고 해서 아이가 바로 눈에 띄게 사회성이 좋아진다고 말하기는 어렵다. 다만, 새로운 경험을 통해 자신에 대해 알고, 친구들의 마음을 이해하는 능력이 좋아지면 친구와 말 걸고 대화하기가 쉬워지고, 서로의 대화를 통해 사람들이 자신을 거부하는 것이 아니라는 사실도 깨닫게 된다.

좀 더 나아가 서로 협력하며 새로운 걸 탐구하고 이루어가는 경험까지 진행된다면 분명히 전환점이 될 수 있다. 만약 집에서 한다면 8회차로 끝내지 말고 반복해서 진행해도 좋다. 이런 프로그램이 어렵게 느껴진다면 아주 단순화시켜 '사회성을 키워주는 5가지 말'을 가르치고 역할극을 하는 정도로도 꽤 큰 효과를 볼 수 있다.

사회성을 키워주는 5가지 마법의 언어

사회성을 키워주는 첫 번째 언어는 "안녕"이다.

만날 때와 헤어질 때 "안녕"이라는 인사말만 밝고 씩씩하게 해도 쉽게 친구를 사귈 수 있다. 대부분의 아이들은 아직 사회성을 배우는 단계라 친구가 먼저 말을 걸어주기를 바란다. 이때 먼저 가서 말을 건다는 것은 정말 수준 높은 사회적 기술이다. 인사말 하나만으로도 충분히 친구를 사귈 수 있다는 사실을 아이에게 말해주고 밝고 씩씩하게 인사하는 연습을 해보자.

두 번째는 "응, 그래." 대답하기다.

특히 내향성의 아이에게 필요한 언어이다. 친구가 먼저 인사하고 뭔가를 물었는데 쑥스러워 대답을 못 하면 인사를 건넨 친구는 오해한다. 어쩌면 다시는 말 걸지 않겠다고 결심할 수도 있다. 그러니 먼저 말 걸기가 어려운 아이에게는 친구가 말을 걸어올 때 꼭 "응, 그래."라는 대답을 할 수 있도록 연습할 필요가 있다.

세 번째와 네 번째는 "고마워."와 "미안해."라고 말하기다.

친구가 문을 잡아주었거나 색연필을 빌려주었거나 자신을 잠시 기다려줄 때 그 모든 상황에서 고맙다는 말은 필수다. 작은 실수에는 빨리 미안하다고 말하는 것도 꼭 가르쳐야 한다. "고마워, 미안해."라는 말을 자주 하는 아이들치고 친구가 없는 아이는 본 적이 없다. 아이들은 작은 일에도 친절하게 "고마워."라고 말하는 친구, 소소한 실수라도 "미안해."라고 사과하는 친구를 너무 좋아한다.

자존감이 높아지고 어느 정도 친구와의 관계가 부드러워지면 이제 마지막 말, "나랑 같이 놀자."를 연습해보자.

이 말은 생각보다 쉽지 않다. 거절당하지 않을 거라는 믿음이 있어야 말할 수 있다. 또 혹시 거절당해도 상처받지 않을 만큼 자존감이 탄탄해야 할 수 있는 말이다. 그러니 아직 준비가 되지 않은 아이에게 "같이 놀자."는 말을 하라는 건 아이에게 큰 부담을 주는 일이 된다. 어느 정도 친구 관계에서 자신감이 생긴 아이라면 이제 이 말을 하는 것이 어렵지 않을 것이다.

아주 간단해 보이지만 이 말은 말로 한두 번 설명해서 가르쳐서 되는 것이 아니다. 우리 아이가 익숙해질 때까지 역할극으로 수십 번 수백 번 놀 듯이 연습해 체득하도록 만들어야 한다.

이러다 보니 아이의 사회성은 부모와 얼마나 원활한 대화와 관계가 이루어졌는지 알아보는 척도가 되기도 한다. 타고난 기질과 성격이 달라 조금 차이는 있지만, 자존감을 바탕으로 사람에 대한 믿음이 있다면 쉽게 사회적 기술을 배워갈 수 있다.

대부분의 아이들은 위와 같은 연습을 통해 충분히 건강한 사회성을 키워나갈 수 있다. 그런데 아이가 늘 만나는 친구들 앞에서도 쉽게 불편함을 느끼는 내향성 아이라면 낯선 상황에 노출될 때 따로 기억해둬야 할 부분이 있다. 다른 아이들보다 유독 낯선 상황에 불편함을 느끼는 아이라면 사람을 만나는 상황 전에 미리 대화를 나누어보는 것이다.

"낯선 사람이거나 낯선 곳에 가면 고개만 숙여서 인사해도 돼."
"엄마에게 꼭 붙어 있고 싶으면 그렇게 해도 돼. 그래도 안아달라고 떼쓰지는 말아야 해. 그럼 엄마가 다른 사람과 이야기를 나눌수가 없어. 대신 엄마 옆에 꼭 붙어 앉아 있어도 되고, 엄마 손을 잡고 있는 건 괜찮아."
"천천히 주변을 살펴봐. 충분히 시간을 줄게. 재미있어 보이는 게있는지 없는지 살펴봐."
"혹시 궁금하거나 만지고 싶은 게 있으면 엄마한테 말해줘."
"혹시 걱정되는 게 있으면 언제든 엄마에게 말해줘. 나중에 집에 가서 말해줘도 되고."

이때 아이에게 새로운 상황을 관찰하는 시간을 충분히 보장해주는 것이 가장 중요한 부분이다. 그리고 이런 대화를 해야 아이가 안전함을 느껴 마음을 열게 되고, 서서히 사회성이 발달하게된다.
한 번의 성공적인 사회 경험은 아이의 자존감까지 높여주게 된다. 다음은 사회성이 좋은 아이와 부족한 아이의 특징이다. 우리 아이의 사회성을 가늠해보고 어떻게 도와주면 좋을지 고민해보면 좋겠다.

사회성이 좋은 아이들의 특징	사회성이 부족한 아이들의 특징
• 친절하다 • 협동적이고 긍정적이다 • 갈등 시 협상하는 기술이 있다 • 규칙을 잘 지킨다 • 사회적 상황을 잘 파악한다 • 따뜻하고 유머 감각이 있다 • 친구와 같이 놀 수 있는 놀이를 선택한다. • 이긴 친구를 축하해준다 • 또래 활동(다수, 소수)에 적극 참여한다 • 놀이에서 져도 쉽게 인정한다.	• 경쟁적이다 • 무례하게 행동한다 • 친구에게 지나치게 밀착하거나, 멀리 떨어져 있다 • 차례를 지키지 못하고 협동하지 못한다 • 장난감을 혼자 갖고 친구들과 나누지 않는다 • 질 때마다 늘 봐달라고 한다 • 중간에 게임 규칙을 바꾼다 • 갈등을 잘 조정하지 못한다 • 쉽게 흥분하고 화를 낸다 • 친구 무리에 어떻게 참여해야 하는지 몰라 망설인다

기본 원칙으로
돌아가자

사회성은 지식으로 판단할 수 없다. 사회적 관계 속에서 어떻게 행동하는 것이 바람직하다는 걸 아는 것만으로는 그 아이의 사회성 정도를 판가름할 수 없다는 말이다. 사회성에 관한 질문이나 테스트를 보면 높은 점수를 받는 아이는 많다. 하지만 그 아이가 사회적 상황에서 어떤 사회성을 보이는지는 그 장면을 경험해봐야만 알 수 있다.

많은 부모들이 아이가 학교 등 집 밖에서 문제가 생겼을 때 "우리 아이가 그럴 리가 없어요. 그런 아이가 아니에요."라고 아이를 방어하기 위해 애를 쓴다. 이런 부모의 태도는 아이가 가해 행동이라도 했다면 매우 몰염치하게 느껴진다. 하지만, 이는 무조건 제 자식만 귀하게 생각하는 부모의 맹목적 방어가 아니다. 그 부모의 입장에서는 한 번도 본 적 없는 내 아이의 문제 상황을 상상하기조차 어려운 것이다.

이런 차이가 생기는 이유는 사회성에 문제가 있는 아이의 경우 집에서와 유치원 혹은 학교에서의 태도가 다르기 때문이다. 그러니 부모는 왜 아이가 그런 태도를 보이는지 그 부분을 알아보고 이해해야 한다.

초등학교 1학년 A와 B 두 아이가 보드게임을 한다. 한 장의 카드에는 여러 개의 그림이 있다. 자신의 카드와 더미에 있는 카드를 비교해 같은 그림 한 가지를 찾아 빨리 가져가는 도블이라는 게임이다. 두 아이는 게임의 규칙을 충분히 이해했고, 순서에 맞게 게임을 진행할 수 있다. 이 정도면 이 아이들의 사회성이 좋다고 말할 수 있을까? 알 수 없다. 이 아이들의 사회성이 궁금하다면 갈등 상황, 즉, 자신이 뒤처지는 상황, 혹은 결과에서 졌을 때 어떤 행동을 취하는가를 살펴야 한다. 이때 취하는 행동에 따라 아이의 사회성 정도를 파악할 수 있다.

두 아이는 순서에 맞게 차례차례 잘 진행했다. 상대를 방해하지도 않고 집중해서 같은 그림을 찾으려 애를 썼다. 그런데 A가 계속 몇 장을 따가자 B는 갑자기 "재미없어."라며 테이블 위의 카드를 모두 뭉쳐버렸다. 같이 놀던 A는 이 상황이 당황스럽고 자신이 잘하고 있었기에 게임을 멈추고 싶지 않았다. 결국 두 아이는 말싸움을 벌였다.

"그렇게 그냥 섞어버리면 어떡해?"

"재미없어. 이제 안 하고 싶어. 다른 거 할래."

"난 이거 계속하고 싶단 말이야. 네 마음대로 그만두는 게 어디에 있어."

아무도 중재하지 않으면 두 아이는 점점 더 격하게 싸우게 될 것이다.

B는 자신이 지는 상황을 견디지 못하는 아이다. 그래서 자신이 질 것 같으면 받아들이지 못하고 피해버린다. 매번 자신이 원하지 않는 상황을 피하기만 한다면 아이는 친구들로부터 비난을 받게 될 뿐 아니라, 자신에 대한 개념도 부정적으로 형성될 수 있다. 이런 경우 부모가 곁에서 B의 불안한 마음을 알아주고, 용기를 내서 끝까지 해보도록 격려하는 과정이 필요하다.

B를 독려해 게임을 끝까지 진행할 수 있도록 했다. 그렇게 게임을 끝까지 해보니 질 줄 알았는데 다시 이기기도 하고 예상대로 지기도 했다. 이때 중요한 것이 칭찬이다. 아이가 지더라도 끝까지 최선을 다한 긍정적 의도를 충분히 칭찬해주어야 한다. 이렇게 실패해도 스스로 잘했다고 생각하는 성공 경험이 쌓여야 아이는 지는 상황에서도 규칙을 지키며 끝까지 최선을 다하는 사회성을 발휘할 수 있게 된다.

이번에는 반대의 상황이다. A와 B가 게임을 했는데 A가 지고 B

가 이겼다. B는 신이 나서 자신이 어떻게 게임을 해서 이겼는지 자랑스럽게 설명한다. A는 못마땅한 표정이지만 다행히 다른 문제 행동을 하지는 않는다.

이 상태에서 두 아이의 사회성을 높여주기 위한 대화를 연습하기 위해 먼저 이긴 아이가 진 아이를 위로해주기를 연습하였다. 역시 이긴 자의 여유 덕분인지 B는 A에게 "너도 잘했어. 다음에 너도 이길 수 있을 거야."라며 성숙한 말과 태도를 보였다. 이제 A가 B를 축하해줄 차례이다. "축하해."라는 말을 해주자고 했지만, A는 말을 따르지 않았다. 몇 번 더 권유했지만, 절대 하지 않았다.

A는 겉으로 드러나지는 않았지만, 자신이 진 상황에서 이긴 친구를 축하해주는 사회적 기술은 아직 배우지 못한 것이다. 그저 속상한 마음을 꾹꾹 누르는 정도일 뿐이다. 참기만 하는 것은 언젠가 터져 나오게 되어 있다. 그러니 참는 정도의 기술은 성숙한 사회적 기술이라 말하기 어렵다.

이긴 친구를 축하해주지 못하는 A에게 A가 게임에서 어떤 강점을 보였고, 어떤 노력을 하였으며, 얼마나 훌륭한 긍정적 의도와 태도를 보였는지 먼저 칭찬해주었다. 그러자 마음에 여유가 생긴 A는 미소 지으며 B에게 "축하해. 잘했어."라고 말할 수 있게 되었다.

아이들의 자존감과 사회성을 키우는 방법은 그저 공감하고 격려하는 것으로 부족하다. 대화와 관계의 법칙에서 강조했듯이 자신이 어떤 긍정적 의도를 가진 사람인지, 어떤 노력을 했는지, 어떤 강점을 가지고 있는지 찾아 증거로 보여주고 들려주어야 한다. 그래야 아이는 제대로 느끼고 깨달아 마음에 들지 않는 상황에서도 자신을 비하하거나 비난하지 않게 된다. 또한 스스로 자존감을 잘 지킬 뿐 아니라 사회적 기술도 잘 사용할 수 있게 되는 것이다. 결과는 졌지만, 자신이 여전히 능력이 있고 이기기 위해서 본인이 한 많은 노력을 증거로 확인하는 순간 아이의 자존감과 사회성은 빛을 발하기 시작한다.

대부분의 사회성 프로그램의 구성을 살펴보면 몇 가지 공통 사항을 찾아볼 수 있다. 자신의 욕구를 알고, 감정 인식과 감정 표현을 익히며 긍정적인 자아상을 형성하고, 자기 효능감을 확대하며 정서 조절 능력을 향상시키는 프로그램이다. 또한 타인과 자신이 서로 다름을 인정하고 이해하며, 도움 청하기. 도움 받기, 서로 도움 주기, 협력하기 등의 연습을 통해 또래와의 사회적 상호 작용 기술을 익히는 내용으로 구성된다. 이런 모든 프로그램의 가장 기본은 자존감이고, 그 위에 사회적 기술을 덧입혀 발전하게 된다는 사실을 기억하기 바란다.

아무리 부모라 해도 아이의 모든 문제 하나하나를 일일이 쫓아가서 해결하도록 도와주기 어렵다. 혹시 그럴 수 있다고 해도 그건 임시방편이고 응급조치일 뿐이지 근원적인 문제 해결은 아니다. 그러니 혹시 우리 아이의 심리적·정신적 발달에 문제가 있다고 여겨진다면 다시 기본 원칙으로 돌아가기 바란다.

아이의 마음을 공감해주고 위로해주는 건 관계에 큰 도움이 된다. 하지만 자라는 아이가 부모와의 관계만 좋다고 해서 모든 일이 만사형통일 거라 확언할 수 없다. 그러니 좋은 관계를 바탕으로 우리 아이의 잘못된 행동은 성숙하게 가르치는 훈육이 필요하다. 아이가 스스로 사는 것이 재미있다고 여겨질 수 있게 질적으로 좋은 놀이를 경험해야 하며 한 해 한 해 성장해가면서 정서적 재미에서, 인지적 재미로 발전할 수 있도록 도와주어야 한다. 그래야 자신이 무엇을 아는지, 무엇을 모르는지 스스로 이해하고 알아차리는 메타인지 능력도 발전할 수 있다. 그런 과정이 육아의 기본 법칙이다.

현자들은 자신을 보살피고 이해하며 다시 에너지를 채우는 삶의 법칙을 강조한다. 그리고 지혜를 얻고 싶을 때는 책을 읽으라 권한다. 아이 키우는 일도 마찬가지이다. 부모에게 아이 키우는 일이 너무 힘들게 느껴진다면 이는 아이에게 무언가 문제가 발생하고 있다는 의미일 수 있다. 그럴 땐 기본 법칙을 떠올리자. 부모가 찾은 육아의 기본 법칙은 아무리 강한 비바람이 불어도 우리 아이와 가족을 지켜주고 성장하게 해주는 든든한 버팀목이 될 것이다.

오늘 하루는 버틸 수 있겠어요

"나만 그런 게 아니라는 걸 알게 되니 안심이 돼요. 힘이 나요."
"이걸로 오늘 하루는 버틸 수 있겠어요."

부모 상담을 하거나 강의 후에 가장 많이 듣는 말이다. 부모로서
힘든 마음을 공감받고, 자신의 문제보다는 잘못 배운 육아 방식 때
문에, 어쩌면 잘 몰라서 아이에게 잠시 문제 행동이 나타난 것뿐이
라는 걸 알게 되면 모두 비슷한 말을 하게 된다. 그리고 새로운 방
법을 배우고 나면 어느 정도 할 수 있겠다는 생각이 들어 힘이 나기
도 한다.

참 다행이다. 한두 시간을 투자해서 힘이 나고 오늘 하루 아이와

잘 보낼 수 있을 것 같다니 정말 잘된 일이다. 하지만, 내일은? 또 그다음 날은? 아이 키우는 일을 날마다 배워서 그날 하루를 지내야 한다면 부모는 너무 지치고 힘이 든다. 지친 부모는 잠시라도 육아에서 벗어나고 싶고, 좀 더 힘든 사람은 혼자 어디론가 떠나고 싶은 마음이 든다.

엄마, 아빠가 제각각 이런 마음이 들 때쯤이면 서로의 배우자에게 드는 서운함과 원망도 점점 커진다. 아내가 보기엔 남편이 제 역할을 안 해서, 남편이 보기엔 아내가 상황을 어렵게 만들어서 원망스럽다. 부부가 똘똘 뭉쳐 지혜로운 육아 방법을 찾아가야 아이 키우는 일이 뿌듯하고 행복할 텐데, 서로를 원망하느라 안 그래도 힘든 마음이 더 지치고 소진하게 되는 것이다.

이렇게 부모 역할이 난감하고 힘이 들 때, 더는 돌파구가 없다고 생각될 때 가장 먼저 해야 할 일은 부모가 나 자신을 돌보는 일이다. 나를 힘들게 하는 걱정과 불안과 답답하고 원망스러운 마음을 좀 더 들여다보자. 어쩌면 그 마음 깊은 곳에는 나에 대한 불안이 자리 잡고 있을 수 있다.

'내가 잘할 수 있을까? 난 어쩌면 부모 역할을 못 하는 사람은 아닐까? 내가 부모 자격이 없는 사람은 아닐까? 이 상황을 잘 헤쳐 나가지 못하면 어떡하지? 어떻게 해야 할지 도무지 모르겠어.'

이런 불안과 자신에 대한 의심이 나도 모르게 아이를 혼내고 배우자를 원망하게 만드는 것이다. 그러니 좋은 부모가 되고 행복하고 건강한 가족으로 살아가기 위해서는 나를 먼저 돌보아야 한다. 이기적인 사람이 되라는 말이 아니다. 내 몸이 건강해야 가족을 돌볼 수 있듯이 나의 마음이 건강해야 아이를 잘 돌볼 수 있는 것은 가장 기본적인 부모의 조건이다. 이 말이 잘 와닿지 않는다면 나의 부모님의 삶을 잠시 생각해보자.

자식만을 위해 희생하고 헌신하느라 자신을 잘 돌보지 못한 부모님을 보면서 우리는 고마운 마음만 들지 않는다. 정말 미안하고 안타깝지만 동시에 부담스럽다. 좀 더 건강하게 자기 발전을 이룬 다른 부모들과 비교하면서 원망이 들기도 한다.

우리가 부모님에 대해 이런 생각을 한다는 걸 아신다면 아마도 부모님은 인생을 다 바쳐 키워놓았더니 고마운 줄 모른다고 분노하실 수도 있다. 하지만, 자식은 부모가 그렇게까지 희생하기를 원했던 것이 아니다. 그저 나를 사랑해주고, 가끔 놀아주고, 함께 웃는 시간이 있기를 바랐고, 자신이 부족한 걸 잘 다독여주길 바랐다. 그리고 열심히 인생을 살아갈 수 있도록 삶의 기본 태도를 길러주기를 원했을 뿐이다. 그렇게 일거수일투족을 참견하고 관리하며 당신 자신의 삶은 돌보지 않는 걸 절대 원치 않았다.

"엄마도 엄마 인생 사세요. 제발 참견하지 마세요."
"아빠가 언제 나한테 관심 가진 적 있어요?"

어쩌면 아이가 조금만 자라면 듣게 될 말이다.

아이는 부모가 너무 희생하는 것을 원치 않지만, 무관심한 것은 더더욱 싫어한다. 그래서 좋은 부모 역할이란 이 2가지 양육 태도 사이에서 균형을 찾아가는 일이기도 하다. 그리고 그 과정은 당연히 부모가 자신을 돌보는 것이 가장 기본이 된다. 부모가 아이의 성장과 함께 자신의 성장을 돌보면 아이는 부모가 자랑스러울 것이다.

또한 부모가 자신을 잘 돌본다는 말속에는 당연히 아이를 돌보는 개념도 포함되어 있다. 부모 자신이 아무리 잘되어도 아이에게 문제가 있다면 부모의 마음은 평안할 수가 없다. 그러니 부모 자신의 돌봄 속에는 아이가 건강하게 잘 자라도록 돌본다는 개념이 포함된 것이다.

자신도 잘 돌보며 아이를 잘 키우는 사람은 어떤 사람일까? 이론적으로 어떤 태도가 가장 바람직한지 우리는 너무 잘 알고 있다. 누군가 아이에게 집착하거나 아니면 너무 무심하다면 그에게 해줄 말이 무엇인지도 이미 알고 있다.

자신과 아이의 마음을 잘 돌보는 부모란 자신이 할 수 있는 것과 할 수 없는 것이 무엇인지 깨닫고, 할 수 있는 일은 자기만의 방식으로 재미있고 신나게 즐기듯 실행하고, 할 수 없는 것에 대해서는 마음을 비우고 내려놓을 줄 아는 부모다. 이제 무엇을 내려놓고 어떤 것을 열심히 해야 하는지 생각해 보자.

나에게 꼭 필요한 비움과 채움은 무엇일까

비우자. 욕심과 불안을 비워보자. 아이를 잘 키워보겠다는 부모의 다짐 속에는 우리 아이가 남보다 더 공부 잘하고, 책도 많이 읽고, 발표도 잘하고, 운동도 잘하고, 친구들에게 인기 있고, 회장도 했으면 좋겠다는 현실적인 소망들이 담겨 있다. 부모로서 당연한 거지만, 그 다짐의 현실적 모습은 지혜롭지는 않을 수 있다. 이 모든 걸 다 가진 사람으로 키우는 건 현실적으로 어렵기 때문이다.

지금까지 수많은 아이들을 봐왔지만 이 모든 부모의 소망을 충족시켜주는 아이는 거의 없다. 공부를 잘하지만 사회성이 부족하거나, 너무 훌륭한 인성을 가졌지만 학습 능력이 뛰어나지 못하다. 혹은 이 모든 항목들에서 부족함을 보이는 경우도 있다. 대부분의 아이는 한두 가지 특정 분야에서만 뛰어난 능력을 보여준다. 어떤 분야든 뛰어난 모습을 보여만 준다면 감사할 일이다. 그러니 완벽한 아이를 꿈꾸는 부모의 소망은 이루지 못할 꿈이거나, 현실적으로 불가능하다는 사실을 미리 깨닫고 마음을 비우는 것이 중요하다.

물론 마음을 비우는 것이 쉬운 일은 아니다. 어느 정도 의식적으로 노력이 필요하다. 종교에 기대어 기도를 하거나, 철학적 사고를 통해 자신을 끊임없이 성찰하거나, 육아 심리서나 대중 심리서 등을 통해 심리학을 공부하며 인간 마음의 원리를 배우는 것도 좋은 방법이다. 너무 고차원적인 방법이라 부담스럽다면 주변의 아이를 잘 키운 부모들의 지혜를 얻어보는 것도 좋겠다.

아이를 잘 키운 부모들에게 질문하면 공통적으로 대답하는 것이 있다.

"마음을 비우고, 우리 아이가 어떤 아이인지 알게 되면 그다음은 쉬운 것 같아요. 아이가 어떤 걸 좋아하고, 어떤 방식을 선호하는지 알고 적절하게 이끌어주거나 기다려주면 아이는 스스로 길을 찾아 잘 크는 것 같아요."

앞에서 계속 강조했지만, 우리 아이가 어떤 아이인지 찬찬히 살피고, 함께 웃고 즐거운 시간을 가지며, 가르칠 건 제대로 가르치는 과정이 아이가 잘 성장해가는 과정이다. 욕심과 불안한 마음을 내려놓으면, 진짜 우리 아이의 커가는 모습이 그 자리를 채울 것이다.

우리 아이가 자신만의 개성을 찾아가며, 하나씩 기쁘게 배우고 성장하는 모습은 부모의 마음을 따스한 행복감으로 채워준다. 예쁘게 웃고, 볼이 빨개지도록 뭔가를 열심히 하고, 자신이 이루어낸 작은 결과물을 엄마 아빠에게 보여주며 뿌듯해하는 아이의 모습. 이를 바라보며 나도 모르게 아이에 대한 사랑으로 마음이 따뜻하게 차오르고 부모가 된 것을 감사하게 된다. 그 느낌을 제대로 느껴본 부모는 내일이 되어도 불안하지 않고, 과욕에 휘둘리지 않는다.

마음을 돌보는 방법

아래의 단어에서 아이를 돌보다 나 자신이 가장 자주 느끼는 감정에 동그라미 해보자.

편안한 감정	재미있는, 고마운, 즐거운, 신나는, 가슴 벅찬, 뭉클한, 기쁜, 행복한, 사랑스러운, 뿌듯한, 만족하는, 기대되는, 편안한, 안심되는, 평화로운, 흥미로운, 기운이 나는, 자신감 있는, 희망에 찬, 자유로운, 흐뭇한, 궁금한, 호기심 나는, 의욕적인, 신기한, 감사하는, 잘하고 싶은
불편한 감정	미안한, 죄책감, 걱정되는, 불안한, 답답한, 지치는, 소진되는, 당황스러운, 두려운, 우울한, 화가 나는, 열 받는, 원망스러운, 후회되는, 실망스러운, 좌절하는, 포기하는, 도망가고 싶은, 지겨운, 재미없는, 비참한, 무기력한, 공허한, 외로운, 막막한, 혼란스러운, 자괴감

내가 느끼는 감정은 내 생각을 좌우하고, 그 생각에 따라 오늘 하루 생활이 결정되기도 한다. 오늘 하루 아이와 함께 재미있고 신나게, 만족스럽고 뿌듯한 감정을 느꼈다면 나는 어떤 생각을 하고 그래서 어떤 행동을 하려고 마음을 먹게 될까?

반대로 말썽부리는 아이에게 화내고 소리 지르고 난 뒤, 제대로 부모 노릇 못 하는 자신 때문에 아이에게 미안하고 자괴감이 들거나 혹은 원망스럽고, 확실치 못한 미래에 대한 걱정과 두려움으로 어디론가 떠나고 싶은 감정이 들었다면 나는 어떤 생각을 하고 그래서 어떻게 행동하게 되는 걸까?

감정은 생각보다 우리에게 큰 영향을 끼친다. 저절로 발생되는 감정과 충동적인 생각을 우리 의지대로 조절하기는 쉽지 않다. 그렇게 마음이 휘둘리다 보면 부모가 된 것도 후회스럽고, 아이를 제대로 키우지 못하는 것 같은 죄책감에 괴로워진다. 그렇게 자신의 마음과 몸을 돌볼 겨를도 없이 감정과 충동적 생각의 노예가 되어 끌려가다 보면 어느새 푸르렀던 젊은 날은 오간 데 없고, 피로와 짜증에 찌든 자신을 발견하게 될 수도 있다.

아이 키우는 일이 아무리 힘들다지만 이렇게 찌들며 지내는 건 자신에게도 아이에게도 불행한 일이다. 부모 역할을 충실히 하면서도 나 자신을 돌볼 수 있다. 부모가 된 그 순간부터 자신을 돌본다는 생각을 하지 못한 채 상황에 이끌려 살게 되는 것은 불행의 씨앗이 되기도 한다. 이제 자신을 내버려두지 않고 잘 돌보기 위해 자기 돌봄을 방해하는 요소가 무엇인지 알아야 한다.

부모의 자기 돌봄을 방해하는 요소

무엇이 나의 평정심을 방해하는가? 왜 불안해지고, 갑자기 아이를 들볶아야 할 것 같은 초조감이 나를 정신 못 차리게 하는가? 많은 원인이 있을 수 있지만 가장 큰 원인 중의 하나는 바로 '비교'이다.

나 자신을 바라보는 게 아니라, 남과 비교한다. 우리 아이를 보는 것이 아니라, 다른 아이와 비교한다. 그렇게 비교하면 나에게 도움 되는 건 하나도 없다. 멀쩡하게 잘 자란다고 생각했던 우리 아이가 비정상으로 보이고, 나름대로 의미 있는 인생을 잘 살아가고 있다고 생각한 나 자신의 인생도 갑자기 볼품없고 초라하게 느껴진다. 그러니 그 기분 나쁜 감정에서 벗어나기 위해 아이를 다그치게 된다.

나도 모르게 남과 비교하는 습관은 어쩌면 남의 시선을 중요하게 여기는 문화적 현상의 결과일 수 있다. 비교가 항상 나쁜 것은 아니다. 남과 비교해 부족한 점을 발견하고 조금 더 노력하게 된다면 어쩌면 비교는 나를 성장시키는 힘이 될 수 있다. 하지만, 아이 키우는 일에서 비교는 99.9% 도움 되지 않는다.

임신했을 때부터 시작되는 비교는 엄마를 불안하게 하고, 부정적인 정서에 빠져들게 한다. 임신 자체에 스트레스를 받고 우울해진다. 남들은 다 잘나가는데 나는 아기 엄마가 되어 세상에서 뒤처지는 건 아닌지 불안해진다.

아이를 위한 마음도 비교가 시작되면 마음의 평화가 깨지기 시작한다. 아이에게 더 좋은 환경을 제공해주려는 마음은 괜찮지만, 물질적으로 비교하며 더 비싸고 화려한 육아용품을 제공해야 한다는 생각은 엄마를 우울하게 만든다. 결국 비교는 부모의 자기 돌봄을 방해할 뿐 아니라, 아이에게도 나쁜 영향을 미친다. 스트레스가 많은 부모가 아이에게 보여주는 표정과 돌봄의 자세는 평안할 때와는 너무 다르기 때문이다.

마이애미대학교 정신과 교수 티파니 필드(Tiffany Field)는 출산 전 엄마의 우울감은 출산 후 아기 양육 스트레스와 관련성이 높다고 했다. 엄마의 우울감과 양육 스트레스가 높으면 영아의 까다로운 기질에 영향을 미친다는 연구 결과도 있고, 신생아의 건강 상태뿐 아니라, 장기적으로 아이의 공격성을 증가시킨다고 주장하는 학자도 있다.

또 다른 학자는 산후 우울증을 경험한 엄마의 자녀를 대상으로 태아, 신생아, 유아뿐 아니라 아동과 청소년에 수행한 장기 종단 연구 결과, 유아의 기질 정서 행동뿐 아니라 장기 문제 행동 측면에서

볼 때, 유아기의 외현화 내면화 문제, 아동기의 품행 장애와 청소년기 비행과의 관련성이 있다는 것을 발견하기도 했다.

이런 연구 결과는 불안감을 조성하려고 하는 말이 아니다. 부모는 자신을 돌보아야 한다는 말을 하고자 함이다. 특히 아이와 연결된 엄마는 자신을 돌보는 일이 매우 중요함을 강조하는 것이다. 자신의 몸과 마음이 건강해야 소중한 아이를 잘 키울 수 있다. 엄마도 아빠도 모두 자신을 돌보고, 배우자를 돌보아야 우리 아이를 안전하게 잘 키울 수 있다.

자기 돌봄의 3가지 법칙

부모의 자기 돌봄을 위해 필요한 요소는 무척 많다. 하지만, 모든 걸 다 할 수 없는 게 부모 역할이다. 그러니 그중에서도 자기 돌봄의 법칙을 꾸준히 이어가는 것이 너무 중요하다. 부모가 되어 정신없이 육아에 몰입하고 있지만, 5년 후, 10년 후, 20년 후의 나의 모습을 예상해보자. 그때 나는 어떤 모습으로 나의 인생을 살고 있을지 생각해본다면 나 자신이 나를 잘 돌보기 위해 무엇을 해야 할지 정리되기도 한다. 수많은 아이와 부모를 보며 깨달은 부모의 자기 돌봄에는 3가지 법칙이 있다.

첫 번째 법칙은 나 자신의 몸과 마음을 함께 돌보는 것이다.

내 몸 상태를 점검하고 나의 마음을 알아차려야 한다. 몸이 피곤하면 쉬어야 하고, 체력을 키우기 위해 좋아하는 운동 한 가지는 꼭 해야 한다. 아직 젊어 버틸 수 있겠지만 선배들의 이야기에 귀를 기울여보자. 몸과 마음은 연결되어 있어 몸이 아프면 우울해지고, 만사가 의미가 없고 귀찮아진다. 아이를 돌보는 일도 부실해질 수밖에 없다. 몇 개월간 병을 앓은 어떤 엄마는 그 기간 동안 아이를 잘 돌보지 못한 죄책감에 몇 년을 더 힘들어했다. 예고 없이 병이 찾아올 수 있지만, 그래도 관리하면 달라지는 건 너무 당연한 말이다. 마음을 챙기는 일도 너무 중요하다. 힘이 들면 "힘들구나." 나를 위로해주고 힘이 나게 도와주어야 한다는 생각을 해야 한다.

두 번째 법칙은 자신만의 시간을 가지는 것이다.

과연 엄마 아빠는 자신만의 시간을 가질 수 있을까? 현실적으로 가장 어려운 부분일 수 있다. 하지만 육아 돌보미를 신청하는 방법도 있고, 마음 통하는 동네 친구를 만들어 서로의 아이를 돌봐주는 품앗이 개념도 좋다. 그것도 어려우면 부부가 차례로 서로 각자의 휴식 시간을 갖도록 배려하는 방법도 있다. 그런데 이런 방법에 관해 이야기를 나누면 엄마는 "아이가 나 없으면 너무 울어요. 절대 엄마랑 떨어지지 않아요."라는 말을 자주 한다. 물론, 엄마는 우는 아이를 떼어놓기가 힘들다. 이런 상황이라면 조금 다른 생각을 해보자.

TV의 육아 프로그램을 보면 한 가지 흥미로운 점이 있다. 아주 어린 아기부터 예닐곱 살의 아이까지 엄마 없이 아빠와 꼬박 이틀을 잘도 지낸다. 아이를 잘 보는 아빠도 있고 완전 숙맥인 아빠도 있다. 하지만, 그 아이들을 몇 개월 지켜보면 모두 다 엄마 없는 시간을 아빠와 잘 지낼 뿐 아니라, 아빠와의 관계도 점점 좋아지고 건강한 사회성을 발전시켜나간다. 심지어 아빠 없이도 안면 있는 다른 연예인 삼촌과 즐겁게 하루를 보내는 모습도 볼 수 있다. 물론 화면에는 보이지 않지만, 엄마 아빠 찾으며 우는 시간도 있을 것이다. 하지만 엄마 아빠의 부재에도 밝게 웃으며 즐겁게 지낼 수 있다는 걸 부모는 알아야 한다.

그러니, '나 없으면 안 되는 우리 아이를 어떡하지?'라는 불안은 내려놓고, 자신만의 시간을 가지는 계획을 잘 세워보자. 이러지도 저러지도 못하다 보면 이것저것 모두 잃어버린다. 두세 달에 한 번은 꼭 온전히 하루를 자신만을 위한 날로 정하자.

세 번째 법칙은 배움의 끈을 놓지 않는 것이다.

아이가 태어나서 몇 번의 전환점이 온다. 어린이집, 초등학교 입학, 학원 다니기, 중학교 입학 등이 부모와 아이 삶의 패턴이 달라지는 포인트다. 아직 아이가 어리면 초등학교 입학도 멀게 느껴지겠지만 생각보다 시간은 빠르게 흐른다. 그러니 나중에 아이가 학교 다니면, 중학생 되면, 대학에 들어가면 이라는 생각으로 자신이 배우고 싶은 것을 미루면 안 된다. 그러다 보면 어느 순간 내가 어떤 것을 바랐던 사람인지도 서서히 망각하게 된다.

우리는 하루하루 나이 들어간다. 이를 늙어간다고 말하기도 하고 성숙해진다고도 한다. 늙어가고 싶은가, 아니면 성숙하게 성장하고 싶은가? 관심 있고 흥미로운 것을 계속 배우고 익힌다면 아이를 키우는 10년 이상의 시간 동안 엄청난 발전을 쌓을 수 있다. 경력 단절이 되었다고 두려워할 필요도 없다. 10년간 무언가를 꾸준히 배우고 익혔다면 그 능력은 나이와 상관이 없으며 새로운 일을 시작하는 것도 그리 어렵지 않다.

아이를 키우는 일은 신체적·정신적 에너지가 엄청나게 필요한 일이다. 그런데도 자신을 잘 돌본다면 그 과정은 나 자신이 성숙해지고 발전해가는 과정이 된다. 부모가 되기 전에 알지 못했던 그 많은 감정과 깨달음을 어디 가서 배울 수 있겠는가? 결국 부모의 자기 돌봄은 아이를 잘 키우는 일이 되고, 부모와 아이가 함께 행복하게 성장하는 일이 될 것이다.

0~10세 불안으로부터 나와 아이를 지키는 7가지 육아 수업

흔들리는 부모 힘겨운 아이

초판 1쇄 발행 2020년 11월 27일
초판 2쇄 발행 2021년 6월 4일

지은이 이임숙
펴낸이 민혜영
펴낸곳 (주)카시오페아 출판사
주소 서울시 마포구 월드컵로 14길 56, 2층
전화 02-303-5580 | **팩스** 02-2179-8768
홈페이지 www.cassiopeiabook.com | **전자우편** editor@cassiopeiabook.com
출판등록 2012년 12월 27일 제2014-000277호
편집 최유진, 위유나, 진다영 | **디자인** 고광표, 최예슬
마케팅 허경아, 김철, 홍수연 | **외주 디자인** 별을 잡는 그물

ISBN 979-11-90776-26-4 (03590)

이 도서의 국립중앙도서관 출판시도서목록 CIP는 서지정보유통지원시스템 홈페이지(http://seoji.nl.go.kr)와
국가자료공동목록시스템(http://www.nl.go.kr/kolisnet)에서 이용하실 수 있습니다.
CIP제어번호: 2020047550

• 잘못된 책은 구입한 곳에서 바꾸어 드립니다.
• 책값은 뒤표지에 있습니다.